物理海洋学入门导读

（第二版）

Physical Oceanography

A short course for beginners

（Second Edition）

〔加〕雅科夫·阿法纳西耶夫　著

张　洋　译

海洋出版社

2023 年·北京

图书在版编目(CIP)数据

物理海洋学入门导读：第二版／（加）雅科夫·阿法纳西耶夫著；张洋译. -- 北京：海洋出版社，2023.6

书名原文：Physical Oceanography：A short course for beginners

ISBN 978-7-5210-1118-0

Ⅰ.①物… Ⅱ.①雅… ②张… Ⅲ.①海洋物理学-教材 Ⅳ.①P733

中国国家版本馆 CIP 数据核字（2023）第 084688 号

版权合同登记号　图　字：01-2023-2903 号

审图号：GS 京（2023）1751 号

物理海洋学入门导读（第二版）

WULI HAIYANGXUE RUMEN DAODU (DIERBAN)

责任编辑：屠　强　苏　勤

责任印制：安　森

海洋出版社出版发行

http://www.oceanpress.com.cn

北京市海淀区大慧寺路 8 号　邮编：100081

鸿博昊天科技有限公司印刷　新华书店经销

2023 年 6 月第 1 版　2023 年 6 月北京第 1 次印刷

开本：787 mm×1092 mm　1/16　印张：7.75

字数：150 千字　定价：198.00 元

发行部：010-62100090　总编室：010-62100034

海洋版图书印、装错误可随时退换

序

　　海洋学是一门综合性科学，纷繁复杂，包罗万象，初学者往往感到无从入手。本书通过简单物理模型描述海洋环流，呈现了一个精简的物理海洋学框架。书中观点的提出往往基于简单的数学推导和一些通俗易懂的概念；对于有志于进一步探索物理海洋学的读者，书中也做了一些动力学的延伸。同时，还介绍了一些基本的流体力学知识。本书的内容来源于作者在纽芬兰纪念大学（Memorial University of Newfoundland）的本科课程。其中涉及的数学难度适合于海洋、大气学科的本科生。具有大一物理、数学基础将有助于理解书中的动力学概念。

　　相较第一版，第二版的第 9 章加入了关于开尔文波和内波的介绍，第 10 章介绍了海洋潮汐。在 2016 年使用该书作为海洋学导论教科书时，作者和学生发现了一些印刷错误，第二版做了修正。未来版本中会加入海洋生物、海洋化学方面的章节，同时加入更多的实际应用示例。

　　我对本书中文版的发行感到十分高兴。译者张洋是该翻译工作的最佳人选，他是我之前的博士生，现任职于广东海洋大学。多年来，我们一直保持着良好的学术合作，并就地球流体力学的诸多问题经常讨论。我很高兴本书能够被更多的读者阅读，并希望本书能够为广大本科生、高中生了解物理海洋这一学科提供一个简明的知识框架，同时，也为来自海洋科学其他方向的学者提供帮助。

雅科夫·阿法纳西耶夫

2023 年 3 月

目　录

第1章　行星地球

在课程开始前，我们首先需要大致了解为什么地球的表面凹凸不平，海洋又是如何形成的？地球大致是一个半径$R_E = 6\ 371$ km的球体。它绕着北极点以$T_E = 1$ d = 24 h = 86 400 s为周期做逆时针旋转运动。通过这个周期我们可以算出地球自转的角频率，用大写希腊字母Ω表示，它代表单位时间内地球转过的角度，以弧度（radian）为单位。地球绕其自转轴转动一周完成的弧度为2π，记为2πrad，所用时间是86 400 s。那么，角频率$\Omega = 2\pi$rad/86 400 s = 7.3×10^{-5} rad/s。其他一些有用的参数包括赤道周长：$2\pi R_E = 4×10^4$ km 和地球表面积$4\pi R_E^2 = 5.1×10^8$km^2。

如图1.1所示的地理坐标系经常用来表示我们在地球上的位置。地心（地球中心）到球面P点之间的连线与赤道平面构成的夹角φ称为纬度。将同一纬度的点连接起来构成的连线叫作纬线（纬圈）。从南极点穿过英国的格林尼治（Greenwich）皇家天文台指向北极点的一条经线，称为零度经线（也叫格林尼治经线）。在P点所在纬圈平面上，其相对于零度经线的夹角θ称为经度。经度和纬度很多时候是以角度表示的。赤道南北两侧的纬度通常以字母 S 或者 N 表示；零度经线东西两侧的经度

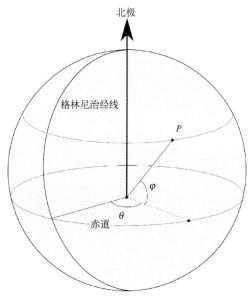

图 1.1　地理坐标系

则分别以字母 E 或者 W 表示。地理坐标系与数学中的球坐标类似，只不过后者常用余纬度(co-lattitude)代替纬度。余纬度是地心到 P 点的连线相对于地球自转轴的夹角，因此是 $90°-\varphi$。

书中所用的"世界大洋"(the world ocean)一词有时候也简称为"海洋"(the ocean)，指地球上的四个大洋：大西洋、太平洋、印度洋和北冰洋。世界大洋平均深度是 4 000 m，这一深度只有地球半径的 0.06%。如果把地球想象成一个苹果，海洋的厚度仅仅相当于果皮；因此海洋是非常薄的。尽管我们对地表过程感兴趣，但为了理解地表过程发生的内在原因，我们还须研究行星的内部结构。当然这里我们仅作简要介绍。

让我们从地形的统计分析开始我们的课程。图 1.2 展示了地表的地形。假设将地球的整个表面分成面积为 1 km² 的小正方形，并测量每个正方形的海拔高度(相对于海平面高度)，可以绘制地形的概率直方图(图 1.3)。其纵坐标是不同海拔高度正方形的个数，即不同高度所占地表面积的比例。令人惊讶的是，直方图存在两个峰值：一个略高于海平面，表明大部分陆地区域的海拔约为 500 m；第二个峰值位于海平面以下，表明大多数海洋的深度约为 4 500 m。请注意，高于(深于)几千米的高山或海沟等极端情况是比较少见的。在海平面以下的地球表面积(海洋面积)大于在海平面以上的面积(陆地面积)，前者约占地表面积的 70%，后者约占 30%。

图 1.2　世界地形图

数据来源：美国国家海洋与大气管理局(National Oceanic and Atmospheric Administration，NOAA)下属国家环境数据中心(National Centers for Environmental Information)

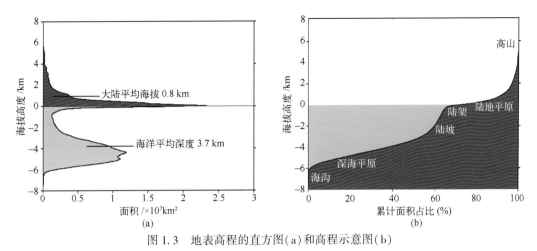

图 1.3　地表高程的直方图 (a) 和高程示意图 (b)

数据来源：美国国家海洋与大气管理局 (National Oceanic and Atmospheric Administration，NOAA) 下属国家环境数据中心 (National Centers for Environmental Information)

　　双峰型的地表地形统计分布能告诉我们什么呢？事实上，双峰分布的原因和地表物质的构成有关。地壳主要是由两种岩石组成的：花岗岩和玄武岩 (图 1.4)。它们都混合了不同的矿物质和化合物。花岗岩主要包含硅 (Si)、铝 (Al) 和氧 (O)，而玄武岩则包含硅、氧和镁 (Mg)。不同化学组成导致其密度略有不同 (密度定义为单位体积具有的质量)。花岗岩密度 $\rho_g = 2.8$ g/cm^3，比玄武岩密度 ($\rho_b = 2.9$ g/cm^3) 低。

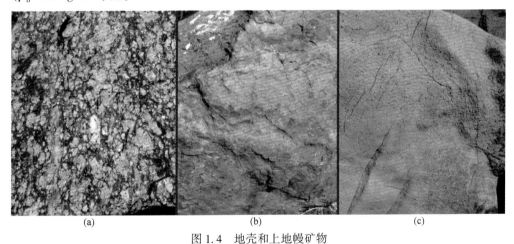

图 1.4　地壳和上地幔矿物

(a) 花岗岩；(b) 玄武岩；(c) 橄榄岩

这些岩石样本拍摄自加拿大纽芬兰的圣约翰斯地理中心。花岗岩样本来自当地的弗里尔斯角 (Cape Freels)，其大晶体结构是由于缓慢冷却的岩浆达到地表以下而形成的；枕状玄武岩来自纽芬兰的圣母湾 (Notre Dame Bay) 的罗伯特臂湾 (Robert's Arm)，它的小晶体结构是由古海床喷发的物质迅速冷却产生的；橄榄岩来自纽芬兰西部的 Tablelands，是一种富含铁的致密岩石，通常在地壳下方的上地幔形成。

3

为了解释不同密度的矿物如何导致图 1.3 中的双峰形地形分布，我们需要引入压力的概念。压力定义为单位面积受到的法向作用力。一桶水（图 1.5）底部所受到的压力是由水柱重力引起的：

$$p = 重力 / 面积 = mg/A = \rho h A g/A = \rho g h \qquad (1.1)$$

这里 h 是深度；A 是表面积；ρ 是水的密度；m 是水的质量，它是密度和体积的乘积；g 是重力加速度。这里，我们可以忽略作用在水面的大气压力（即大气所产生的重力）的影响。如果考虑到大气压，我们可以把水面和水底的压差写成：

$$\Delta p/h = -\rho g \qquad (1.2)$$

通常人们用微分形式表示压力随深度的变化率与重力之间的平衡：

$$\mathrm{d}p/\mathrm{d}z = -\rho g \qquad (1.3)$$

这是静水平衡的表达式。注意，出现负号是因为 z 轴指向上方，而重力方向朝下。如果 ρ 随深度变化（水体按照不同密度分层），则对式（1.3）从某个深度向上垂向积分（或对该深度之上的所有层压力求和）可以得到该深度上的压力。

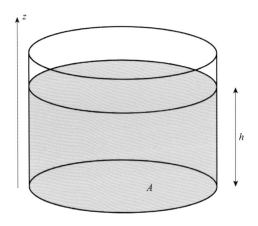

图 1.5　水柱造成的压力

现在，我们来分析地壳的静力平衡。图 1.6 为洋壳（海洋下方的地壳）和陆壳（大陆之下的地壳）的示意图。可以想象，洋壳和陆壳都漂浮在流动的地幔（mantle）之上。洋壳主要由玄武岩（basalt）组成，而陆壳则由花岗岩（granite）组成。下面我们来计算洋壳或陆壳下的压力（请参见示例 1）。当然，更精确的计算还需要考虑海水甚至沉积物引起的压力。如果大陆上还有冰川（例如格陵兰或南极洲的冰川），也必须考虑到它们所产生的额外压力。本质上，这个问题与示例 1 中的冰山问题是类似的。如果我们知道各层的厚度，就可以计算出洋壳以及陆壳在地幔中所能达到的深度。事实证明，山脉下的陆壳能够达到的深度最深，较重的玄武岩组成的洋壳则不能深入地幔。

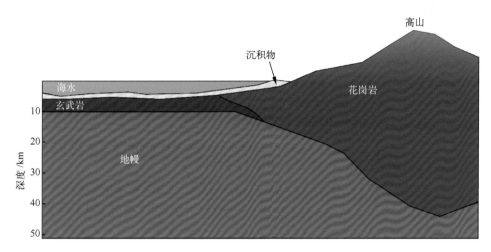

图 1.6　洋壳和陆壳

分别由较重的玄武岩和较轻的花岗岩组成。因此，洋壳顶部(海底)的高度低于陆壳的顶部(高山)。

将静力平衡原理应用于地壳，可以得到所谓的地壳均衡说(isostasy)。地表地形主要由深凹下塌的洋盆和隆起抬升的大陆组成。构成地壳的两种主要岩石的密度差异造成了地形统计上的两峰分布。设想一下，如果地壳中的两种主要岩石混在一起会怎么样呢? 如果那样，图 1.3 的直方图将展现一个单峰分布，即绝大部分地方的海拔都是接近一个平均高度的。那时的地球将可能是一个全部被海洋覆盖的星球，上面遍布岛屿，就像《星球大战》中的"Ahch-To"星那样; 反之，如果没有足够的水覆盖整个表面，则会看到星罗棋布的湖泊。

要注意的是，冰川也会导致地壳下沉。当冰川融化时，陆壳会缓慢反弹。自上次冰河时期以来，这种地壳反弹一直在北美的哈得孙湾(Hudson Bay)附近进行着。山脉和深海沟的存在表明地球是一个地质上较活跃的行星，缓慢进行的地质过程正不断地塑造着地貌。地质运动使得地壳破碎成许多不规则的碎片，即所谓的岩石圈板块。这些板块是刚性的、易碎的，它们漂浮在地幔这种非常黏稠的液体上(图 1.7)。

地球的内部(地核)非常热，其驱动了地幔的热对流运动。热对流向地壳上升，逐渐冷却，然后向地核下沉，从而完成一次局地对流。流动的地幔对其上方的岩石板块施加黏性应力，并将它们推向彼此，玄武岩构成的洋壳被(俯冲地)推向陆壳之下，然后便破碎掉了。俯冲带往往伴有深海沟和海底火山。海床从大洋中脊往两侧不断扩张。大洋中脊是深海最热的区域，在那里地幔热对流撞击着洋壳。由此可见，地幔热对流和板块运动共同塑造了地表地形。

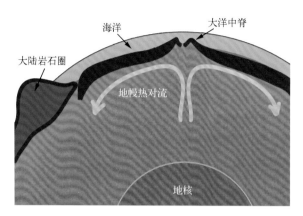

图 1.7　板块构造

地幔中的热对流上涌至大洋中脊，将大洋板块推向大陆板块，进而使得海底不断扩张。

海底地形具有以下几个显著的特征（图 1.2 和图 1.3）：

- 大陆架是大陆被海水淹没的部分，陆架区域水深较浅。纽芬兰（Newfoundland）外海的 Grand Banks 就是一个延伸的大陆架。
- 大陆坡是大陆迅速下沉降入深海的地方。尽管大陆坡在图 1.3 中看起来很陡，但实际上坡度较为平缓，一般只有 4° 左右。
- 深海平原是深海中央的平坦区域。
- 大洋中脊是横穿海洋的海底山脉，并可以在全球范围内形成一条连续的带。

示例 1

分析一个漂浮在水中的冰山（图 1.8）的受力平衡。冰山正下方 P_1 点的压力必须等于水中在相同高度 P_2 点的压力，因为系统已经达到平衡，因此：

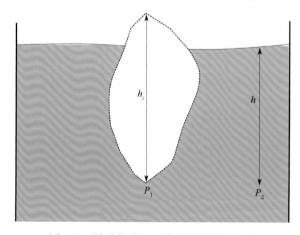

图 1.8　漂浮的冰山，其大部分位于水下

$$\rho_i g\, h_i = \rho_w g h \tag{1.4}$$

式中，ρ_i 是冰的密度；h_i 是冰山的总高度；ρ_w 是水的密度；h 是海水深度。式(1.4)给出了冰山淹没在水中部分的高度：

$$h = (\rho_i\, h_i)/\rho_w \tag{1.5}$$

冰的密度是 $\rho_i = 0.92\ \mathrm{g/cm^3}$，海水平均密度是 $\rho_i = 1.027\ \mathrm{g/cm^3}$，这样式(1.5)表明 90% 的冰山是淹没在水面以下的。水面以上的高度即是总高度 h_i 减去 h。

第2章 海水性质

水具有许多有趣的特性，其中一些性质是由于水分子的特殊结构引起的。两个氢原子以104.5°的角度与一个氧原子连接（图2.1）。这样的结构使得氢原子所在的一侧有更多的正电荷，而氧原子所在的另一侧则具有更多的负电荷。因此，水分子是电偶极子。电偶极子能够高效地彼此相互作用以及与其他化合物发生作用。比如它们可以轻松地破坏盐离子之间的键。水分子的电偶极性使水成为一种通用溶剂。实际上，任何物质在一定程度上都可以溶解于水。

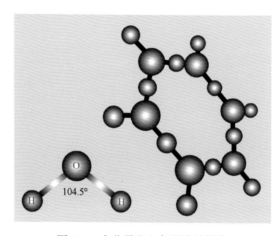

图2.1 水分子和六角形冰晶结构

随着降温结冰，水分子利用氢键形成六边形结构。这也是为什么雪花总是六边形的原因。六边形结构连接形成薄片，薄片进一步叠加形成冰晶。冰晶内部包含许多空腔。这些空腔降低了冰的密度，使其能够漂浮在水面。大多数情况下，同一物质的固态密度比其液态大。在这一方面，水是特殊的。

水的另一个非凡特性是热容量大：要提高水温需要大量的热量。将单位质量的水的温度升高1℃所需的热量为水的比热容。历史上，我们曾将卡路里（Calorie）作为能量单位，它是指将1 g水的温度提高1℃所需的能量。能量的国际单位为焦耳（Joule）。因此，比热容的国际单位是 J/（kg·℃）。水的比热容为$c_p = 1$ Cal/（g·℃）= 4.18J/（g·℃）= 4 180 Cal/（kg·℃），是所有液体中最高的。温血生物体依靠血液（主要成分是水）在体内循环热量；日常生活中房屋和汽车的供暖、制冷系统中也使用水；海洋的巨大热容量对地球的气候调控至关重要(请参阅第 4 章)。

海水含有盐分，这些盐是河流通过数百万年的输运汇聚到海洋中的。海水的主要成分是氯离子(Cl^-)和钠离子(Na^+)，它们约占所有溶解质的质量 86%。其他离子包括硫酸根(SO_4^{2-})离子，镁(Mg^{2+})离子，钙(Ca^{2+})离子和钾(K^+)离子。海水中离子含量保持大致恒定。尽管河流不断将盐带入海洋，但仍有一些被风吹走，通过海雾吹向大陆。

海水中盐的浓度称为盐度，它的定义为每单位质量海水中盐的质量：

$$S = m_s/(m_s + m_w) \tag{2.1}$$

式中，m_s 和 m_w 分别是盐和水的质量。盐度是一个无量纲(没有单位)的物理量，传统上用千分之几表示(ppt，每千克海水中含盐的克数)。读者还可能遇到缩写为 psu 的盐度单位，其代表"实际盐度单位"(practical salt unit)。由于海水中的离子浓度决定了其电导率，因此盐度与电导率呈线性关系。换而言之，只要测电导率就可以反推海水盐度。电导率易于测量，可以通过在水中放置两个电极，施加电压并测量电路中的电流，即可计算电导率。实际盐度单位是通过测量海水电导率算得的。

盐度(S, salinity)、温度(T, temperature)和压力(p, pressure)共同决定了海水密度。大多数情况下，密度是海洋动力学最重要的物理量。海水密度对这三个物理量的依赖性十分直观：盐度越高，密度越高；温度越高，则密度越低；高压使得海水更加致密。密度关于 T、S 和 p 的函数，称之为海水状态方程：

$$\rho = \rho(T, S, p) \tag{2.2}$$

该方程是经验性的，它并不是来自理论推导，而是通过实验室测量得到的。它的数学形式是包含许多经验系数的多项式。海水状态方程的当前版本是 2010 年海水热力学方程，学界称之为 TEOS-10 状态方程[1]。状态方程通常以子程序的形式被调用，方便人们通过温度、盐度和压力计算密度。温盐(TS)图常用于展现海水热力学状态。图 2.2 显示了一张温盐图。不同温度和盐度可以给出相同的密度，以等值线表示。同一等值线上的密度不变。通常海洋学家并不直接使用密度，而是使用一个相对于参考密度的差异：

$$\sigma = \rho - \rho_{ref} \tag{2.3}$$

这里我们选参考密度 $\rho_{ref} = 1\,000 \text{ kg/m}^3$；引入密度异常仅仅是为了避免写很多位的有效数字。图 2.2(a)显示海水温度在 −2℃ 和 30℃ 之间变化，而盐度位于 0 和 40 之间。这种变化使 σ 的范围在 0~30 kg/m³ 之间。但是，大部分海水温度较低，低于 10℃，盐度约为 35。图 2.2(a)中的矩形阴影部分描绘了世界大洋 90% 海水的性质。图 2.2(b)放大了图 2.2(a)中的阴影区域。观察 σ 等值线，我们注意到其略有弯曲。

这种弯曲表明海水状态方程是非线性的。非线性会产生一些有趣的效果（请参阅本章末尾的示例3）。如果 T，S 和 p 的变化不大，则状态方程可以近似地写成线性形式：

$$\rho = \rho_0 [1 + \alpha_T(T - T_0) + \beta_S(S - S_0)] \tag{2.4}$$

式中，T_0 和 S_0 分别为参考温度和盐度，其对应的参考密度为 ρ_0；系数 α_T 和 β_S 分别是热膨胀系数和盐度系数。假设对于温度 20℃，盐度 35 的热带海水，使用原始非线性状态方程式(2.4)，我们可以得出 $\rho_0 = 1\ 024.76\ \text{kg/m}^3$。系数 α_T 和 β_S 可以近似为密度对温度和盐度的导数：

$$\alpha_T = \frac{1}{\rho_0}\frac{\partial \rho}{\partial T}$$
$$\tag{2.5}$$
$$\beta_S = \frac{1}{\rho_0}\frac{\partial \rho}{\partial S}$$

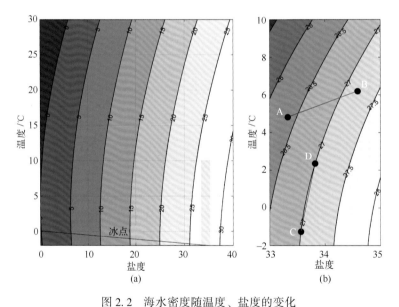

图 2.2　海水密度随温度、盐度的变化

（a）海水温度、盐度的变化范围；（b）放大了（a）中的矩形阴影区域，

代表世界大洋 90% 的海水的温、盐范围。曲线为 σ 等值线。

　　基于上面选取的参考温度、盐度和密度，可以算得 $\alpha_T = -2.57 \times 10^{-4}/℃$（负号表示密度随着温度的升高而降低）和 $\beta_S = 7.4 \times 10^{-4}$。在已知这两个系数情况下，我们不再需要非线性状态方程，而是可以将这些系数带回到线性方程式(2.4)求得密度。当然，这要求温、盐变化不大，以至于可以近似认为密度随着温、盐线性变化。α_T 和 β_S 系数还可用于室温下基于盐水的室内实验。由于 α_T 大约是 β_S 的 1/3，在实验中加盐是比冷却更有效的增密手段。实际上，这两个系数都会随温度、盐度和压力变化。α_T对温度最敏感。在参考温度 $T_0 = 5℃$ 的冷水中，$\alpha_T = -1.1 \times 10^{-4}/℃$。

下面我们细致地考虑海水混合过程。一个体积为 V_1 的水体 $A(T_1, S_1)$ 与一个体积为 V_2 的水体 $B(T_2, S_2)$ 混合。混合后的水体体积为 $V_1 + V_2$，其热含量为混合前两者热含量之和，因此有

$$T_1 V_1 + T_2 V_2 = T_{\text{mix}}(V_1 + V_2) \tag{2.6}$$

T_{mix} 是混合后的温度。类似地，混合后的盐度满足

$$S_1 V_1 + S_2 V_2 = S_{\text{mix}}(V_1 + V_2) \tag{2.7}$$

取 $V_1 + V_2 = 1$，其中 V_1 是 A 的分量，B 的分量 $V_2 = 1 - V_1$。式(2.6)和式(2.7)是简单的线性方程。如果 A 和 B 等量混合，则混合后温度为 $T_{\text{mix}} = 0.5(T_1 + T_2)$；如若 A 和 B 以 9∶1 的比例混合，则混合后温度 $T_{\text{mix}} = 0.9 T_1 + 0.1 T_2$，盐度也有类似的关系。式(2.6)和式(2.7)表明混合物的温度、盐度在温盐图上应该位于 AB 连线上的某处，距离 A 或者 B 的远近，取决于混合物中 A 或者 B 组分的相对多少。

示例 2

现在我们可以一探冬季淡水湖的底部不会冻结的原因。其关键在于淡水在冰点附近的密度对温度的依赖性。图 2.3 中表明，大约在 $T = 4℃$ 时，淡水密度最大。当温度朝着冰点 $T = 0℃$ 下降时，密度却是下降的。

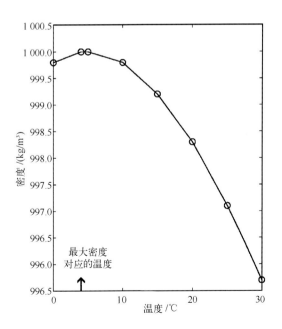

图 2.3　淡水密度随温度的变化

冬天来临时，冷风吹过湖面，湖面被空气冷却。如果此时水温高于4℃，较冷的水变得更重，沉入底部。它被由底部上涌的温水补充代替，水体开始垂向对流。对流过程使得水体在垂直方向上高效混合，整层湖水因此快速冷却。随着表面继续降温，温度下降到4℃以下，冷水变得比4℃时轻，因此不再下沉，对流停止。当表层水进一步冷却到冰点时，冰就会在表面形成，阻隔了空气对水的搅拌冷却，对流停止。对流停止后，只能由热扩散机制进一步冷却深层湖水。然而热扩散极其缓慢，其产生的热量输送比对流弱得多。以至于整个冬天，深层湖水都无法降到冰点。这种缓慢冷却对于许多水生生物的生存至关重要。

示例3

在本例中，我们将考虑海水状态方程的非线性特性对混合的影响。假设我们有两种温度和盐度不同的水体(T_1, S_1)和(T_2, S_2)，但其密度相等，$\rho_1 = \rho_2$（图2.4）。这个水体在温盐图中的位置分别是C和D[图2.2(b)]，并位于同一条等σ线上。由于密度相同，我们认为这两种水体处于同一深度。当它们发生混合时，$(T_{\text{mix}}, S_{\text{mix}})$位于CD连线上。但是如果我们仔细观察就会发现：该直线上的大部分点所对应的等σ线位于C、D所在的那条等σ线的右下方。这意味着混合后的密度增大了，$\rho_{\text{mix}} > \rho_1 = \rho_2$，混合物将进一步下沉。海洋学家把这种效应称为混合增密，它仅仅是由于海水状态方程的非线性造成的。低温下，等密度线弯曲更加剧烈。因此，高纬度海域更容易发生混合增密现象。例如，在南极洲附近的威德尔海（the Weddell Sea）和北冰洋（the Arctic Ocean）。

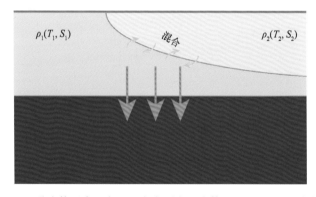

图2.4　两种水体混合，产生了密度更大的水体，沉入深海（橙色箭头）

第 3 章　全球观测系统

20 世纪 80 年代发射了第一批海洋观测卫星，开启了卫星海洋学的时代。如今，卫星观测可以覆盖全球海洋。其搭载的传感器可以测量一些重要物理参数，其中一些参数，比如海面高度，之前被认为不可遥感观测。本章我们将简单介绍海面高度、温度、盐度、水色和风场的卫星遥感。卫星可以观测海洋表面信息。大多数情况下，反演结果仅能够体现海表现象。卫星高度计观测的海面高度则是个例外，其反映的是压力场，它是深海动力过程和地转流在海面的体现。很多仪器都可以进行深海观测，如船载仪器、基于锚定浮标上的传统传感器以及以水下滑翔机为代表的现代自动观测设备。在这里，我们仅介绍 Argo 浮标观测系统，该系统可以像卫星遥感一样提供全球海洋数据。大部分海洋遥感和观测数据是可以公开下载的，这极大地方便了海洋学家的研究。

3.1　海面高度的高度计观测

卫星高度计测量的是从传感器发射端到海面的距离，即所谓的 altimeter range（图 3.1）。高度计向下发送雷达脉冲，并测量海面反射信号返回到接收器所用时间，然后利用卫星轨道数据来计算这一距离。1992 年发射的 Topex/Poseidon 卫星第一次提供了全球海面高度数据。随后的一系列高度计卫星也相继发射。卫星在绕地球旋转过程中，会沿轨道测量海面距离（图 3.2）。这些卫星轨道几乎覆盖了地球的整个表面。相邻轨道之间的距离大约为 300 km。同一轨道每 10 天重复一次。沿轨道的数据空间分辨率为几千米。为了获取轨道与轨道之间空白区域的数据，一般使用空间插值的方法[2]将数据插值到规则的经纬度网格上。

高度计观测数据十分有用，我们可以通过它计算海洋环流流场。这个过程包含以下几步。首先我们定义海面高度（sea surface height，SSH），SSH 是海面相对于参考椭球面的高度：

$$SSH = altitude - altimeter\ range \qquad (3.1)$$

这里 altitude 是卫星到海面的垂直距离。参考椭球面是对地球球面的一种近似。地球不是一个规则的球体，而更像是一个椭球体，其赤道半径比极半径长了大约 21 km。

由于离心力，地球的赤道半径更宽(请参阅第 5 章)。

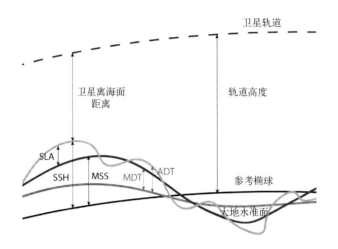

图 3.1　卫星高度计测高示意图和相关参数

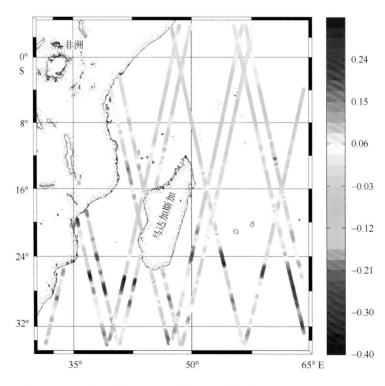

图 3.2　2013 年 6 月 12—16 日在莫桑比克海峡(Mozambique Channel)

附近沿卫星轨道测得的海平面异常(SLA)

数据来源：https：//www. aviso. altimetry. fr/en/home. html

　　第二步是获取参考椭球面信息。假设旋转的地球完全被一层海水包裹，那我们可以认为此时海面的外形和地球一样，也是一个椭球。但是，事实并非如此简单，海洋的外形会受地表重力变化的影响。这些变化是由地形特征、地壳厚度变化以及地壳中的矿物分布改变导致的。如果在海底有物质聚集，那么此处重力便大于其他区域，周边海水便被吸引过来，在该区域的上部形成隆起的海面。因此参考椭球面，也称为大地水准面(Geoid，图3.3)，并非一个理想的光滑椭球，而是遍布丘陵、洼地，其高度变化可以高达100 m。从前对大地水准面的测量是通过多颗绕地球运行的卫星的轨道数据计算得到的。自2002年以来，"重力恢复和气候实验"(Gravity Recovery and Climate Experiment，GRACE)项目通过测量一对双子卫星之间的距离，并将其与重力相关联，获得了地球重力场的详细观测数据。GRACE项目极大地提高了Geoid的观测水平。

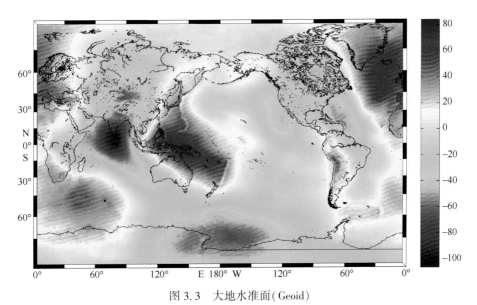

图 3.3　大地水准面(Geoid)

背景颜色以 m 为单位。横坐标为经度，纵坐标为纬度。

资料来源：1996 年地球引力模型(EGM96)

　　大地水准面是一个等位势曲面，该曲面上的重力势能处处相等。如果我们将一个小球放置在大地水准面上的任何一个位置，球都不会滚动。一旦确定大地水准面，我们就可以确定海面高度(SSH)信号中海洋动力过程的贡献部分。有时在实际操作中，由于大地水准面的观测精度不够，我们会用 SSH 的长时间平均值代替 Geoid。至此，我们可以介绍一些常见的高度计数据的定义：

- 绝对动力高度(absolute dynamic topography，ADT)：ADT=SSH−Geoid；

• 平均海平面(mean sea surface, MSS)是对 SSH 的长时间平均，通常取多年平均值，用以剔除季节变化的影响(需要注意：MSS 包含了大地水准面)；

• 平均动力高度(mean dynamic topography, MDT)是 MSS 中的海洋动力过程的贡献部分，即 MDT＝MSS-Geoid；

• 海平面异常(sea level anomaly, SLA)是 SSH 相对其长期平均的异常值，SLA＝SSH-MSS。

不同物理量的数值范围不同。SLA 的变化范围是几十厘米，ADT 的变化则可达约 2 m，大地水准面的变化范围为 100 m。请注意，动力高度还包括潮汐(在开阔海洋中，潮汐引起的海面高度变化范围约为 1 m)，潮汐具有较强的可预测性，通常是被剔除的，用以更好地展现海洋环流。我们将在 7.4 节中学习如何从高度计数据中获得海洋环流场(图 3.4)。

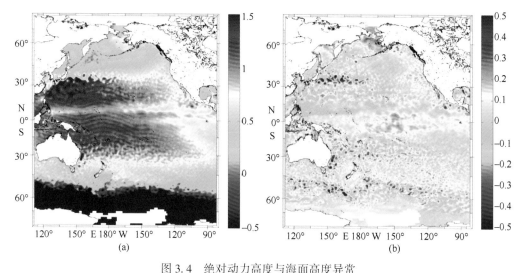

图 3.4　绝对动力高度与海面高度异常

(a)太平洋的绝对动力高度(ADT)；(b)海平面异常(SLA)

背景颜色以 m 为单位。横坐标为经度，纵坐标为纬度。

数据来源：https://www.aviso.altimetry.fr/en/home.html

3.2　海面温度的辐射测量

海洋被太阳辐射加热的同时也向外部辐射能量。根据黑体辐射定律，辐射光的光谱取决于物体温度。太阳非常炎热，其辐射能量主要集中在可见光波段。海表温度在 0~30℃之间，其辐射能量主要集中在人眼不可见的红外(infrared, IR)波段，同时也有一些微波(microwave, MW)辐射。自 1981 年以来，卫星辐射计就不断地被用于观测全球海表温度(sea surface temperature，SST)。人们通过观测海洋热辐射进而获取 SST。SST 数据通常同时包含了红外辐射计和微波辐射计的观测数据。

红外辐射计诸如高级超高分辨率辐射计(advanced very high resolution radiometer，AVHRR)可以达到 1~4 km 的空间分辨率，但却无法穿透云层。它还可以测量来自海表皮层的辐射。海表面皮层非常薄，厚度大约只有 20 μm。

微波辐射计[比如高级微波扫描辐射计(advanced microwave scanning radiometer，AMSR)]的空间分辨率较低，约为 25 km，但其不受天气条件限制，甚至能够穿透热带气旋观测 SST。微波辐射计检测到的辐射来自海面以下几个毫米的水体。SST 数据通常结合了红外和微波遥感数据，以此结合这两种方法的优势。图 3.5 显示了一张融合了 AVHRR 和 AMSR 数据的 SST 图像。

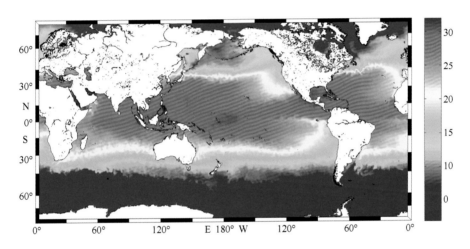

图 3.5　融合了 AVHRR 和 AMSR 数据的 SST 图像

3.3　海表盐度

盐度是难以遥感观测的物理量。海表盐度(sea surface salinity，SSS)的遥感技术是近年才开发出来的。盐度遥感是基于对海洋微波辐射的检测，该辐射来自海面以下 1 cm 的海水。某些频率的微波辐射受海水电导率的影响，而电导率和盐度有关。2011 年发射的 Aquarius 卫星是能够遥感 SSS 的第一颗卫星，其每周提供一个 SSS 全球场，空间分辨率为 150 km(图 3.6)，精度较高。Aquarius 卫星可以观测到 0.2 左右的微小盐度变化。

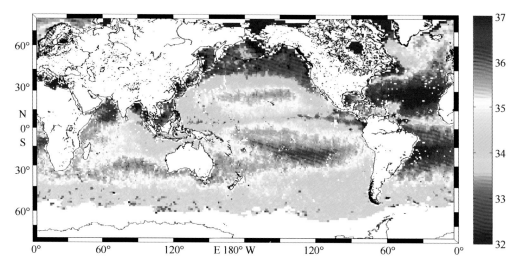

图 3.6　Aquarius 卫星于 2011 年 8 月 25 日至 9 月 2 日观测的海表盐度

资料来源：NOAA

3.4　水色

人眼对红、绿、蓝三种颜色比较敏感；这些颜色对应于不同波长的光。人眼看到的其他颜色可以被视为是这三种基本颜色的组合。因此，我们可以将任何一种颜色视作一个三维矢量。相机可能对不同的波长敏感，并且可以获取第四维或更高维度的颜色。水色取决于光在水中的散射。一部分入射光在水面被反射掉了，剩余部分进入水体后大半都被海水吸收了。海水对红色、黄色和绿色光吸收更强，而蓝光则可以穿透得更深。一些光被水分子或悬浮在水中的小颗粒散射形成的散射光可以从太空中观察到。不少卫星都可以进行水色遥感观测。其中之一是 Aqua 卫星，它具有中等分辨率成像光谱辐射仪（moderate resolution imaging spectroradiometer，MODIS），每 2 天提供一张全球水色图像，包含 36 个波段的数据。

浮游植物等小型海藻含有叶绿素，叶绿素是一种绿色物质。当浮游植物浓度很高时，水色会变得更绿。因此，我们可以利用水色来观察海洋中的某些生物过程，并对生物生产力进行一些定量估计（图 3.7）。海洋中浮游植物暴发（水华现象）状况在水色图中表现得十分细致（图 3.8）。浮游生物还可以充当被动示踪剂，将涡旋和上层湍流结构细致地描绘出来。

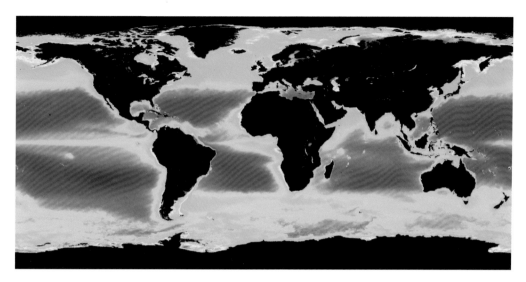

图 3.7　SeaWiFS 卫星观测的多年平均叶绿素 a 浓度

图片来源：NASA Goddard Space Flight Center，Ocean Biology Processing Group

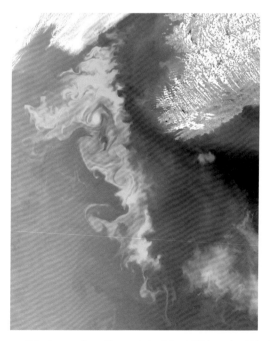

图 3.8　MODIS 卫星于 2010 年 5 月 22 日在爱尔兰沿海观察到的浮游生物暴发

图片来源：NASA Goddard Space Flight Center，Ocean Biology Processing Group

3.5　海面风场

海面风场遥感是基于毛细波的一些特性。这些波长几厘米的小波是由风驱动产生的，其特征取决于风速和风向。卫星雷达向海面发射微波辐射脉冲；电磁波由于布拉格散射（Bragg Scattering）作用被波动的海面所散射，后向散射的波被卫星接收。通过分析接收到信号，人们可以确定风速和风向。自 20 世纪 70 年代以来，海面风场的卫星遥感变得十分普遍。目前，全球无冰海域的海面风场每天都有几次遥感观测。

3.6　Argo 浮标

Argo 是由近 4 000 个浮标组成的阵列，这个数量每年都在增长。这些浮标可以测量海水 2 000 m 内水温和盐度。浮标随海流漂流，并能够在水面和 2 000 m 的深度之间上下自主移动。这样的垂直运动由自带电池驱动，通过将液压油泵入和泵出气囊来改变其浮力。Argo 浮标遍布各个大洋，浮标之间的平均距离大约为 300 km（图 3.9）。其上浮和下沉过程如下：浮标首先下沉到 1 000 m 深度，在那里无动力地随着洋流自由漂流大约 9 天，之后便下沉到 2 000 m 的深度，然后开始上浮并回到海面，在上浮过程中测量海水温度、盐度。到达海面后，其位置由 GPS 确定。最终浮标通过卫星将其采集的数据传送到地面基站。

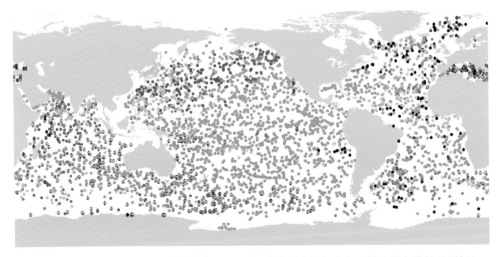

图 3.9　截至 2015 年 9 月全球大洋中 Argo 浮标分布（颜色表示由不同的国家维护的浮标）

图片来源：https：//argo. ucsd. edu/

第 4 章 气候变化

气候是指地球大气和海洋在过去数年或数十年间的平均状态，其并不考虑季节性或者其他短期变化的影响。气候研究已成为物理海洋学的重要组成部分，这是因为地球气候正在发生变化，这种变化是由于人类活动造成的，即所谓的"人为因素"（antropogenic）。这可能导致气候系统的不稳定和自然灾害的频发，甚至可能威胁人类的生存。过去的气候变化，即使是小行星撞击地球造成的短期的气候变化，也造成了数次生物大灭绝事件。因此，了解气候系统的动力机制十分重要；但这并不容易。气候系统包括海洋圈、大气圈、陆地圈和生物圈，还可能存在很多其他因素的影响，比如天文因素。在本章中，我们简要介绍气候动力学的基础知识。

影响气候的主要人类活动是燃烧化石燃料排放的二氧化碳（CO_2）。为了理解这种气体的重要性，我们需要了解所谓的温室效应。

4.1 温室效应

地球从太阳接收能量，并向太空辐射等量的能量，从而使行星处于能量平衡；地球既不损失能量也不积累能量。要理解辐射平衡，我们需要知道物体如何辐射能量。斯忒藩–玻耳兹曼（Stefan-Boltzmann）定律指出物体单位表面积辐射出的能量与其绝对温度的四次方成正比。

$$E = \sigma T^4 \tag{4.1}$$

$\sigma = 5.67 \times 10^{-8} \, W/(m^2 \, K^4)$ 称之为斯忒藩–玻耳兹曼（Stefan-Boltzmann）常数，这里 W 为功率，$1 \, W = 1 \, J/s$；K 为绝对温度，$K = ℃ + 273.15$。假设地球没有大气层，地球表面的辐射能量平衡可以写成

$$E_s = E_p = \sigma T_p^4 \tag{4.2}$$

式中，E_s 和 E_p 分别表示地球吸收的入射太阳能和自身辐射出去的能量；T_p 是地表的绝对温度。需注意的是有一部分入射太阳光直接被反射回去，不被地球吸收。比如冰雪对阳光的反射非常强。反射系数 α_p 被称为行星反照率，约为 1/3，即 $\alpha_p \approx 0.3$；这意味着入射太阳能的剩余 70% 被吸收。E_s 仅是地球吸收的辐射能量分数，观测给出地表的平均值为 $E_s \approx 240 \, W/m^2$。将这个数字代入式（4.2），我们可以得到地

球的平均温度为

$$T_p = (E_s/\sigma)^{1/4} \approx 255K \approx -18℃ \qquad (4.3)$$

这个温度似乎有点冷，不是吗？因为如果没有大气层的保护，我们的地球的确是非常寒冷的。

为了理解大气在辐射平衡中的作用，我们需要知道太阳辐射和地球辐射的波长。给定温度的物体其辐射光谱由黑体辐射定律（black body radiation）或普朗克定律（Plank's law）给出。表面温度 6 000 K 的太阳辐射的能量集中于可见光波段，其能量峰值位于绿光对应的短波段。式（4.3）计算得到地球温度要比实际平均温度 288 K（15℃）冷很多，地球辐射光谱的能量更多地集中于波长较长的红光甚至红外光波段。红外光波是人眼不可见的，但其能量可以被感知为热量，是地球辐射光谱的重要组分，我们称为红外波段。

大气层对入射的太阳辐射而言是十分透明的，太阳辐射可以轻松穿透大气层到达地表。但是，大气层对地球辐射的红外光而言却是十分浑浊的。这种浑浊是由于大气中的水蒸气（H_2O）和二氧化碳（CO_2），即所谓的温室气体（greenhouse gas）造成的。温室气体能够有效地吸收红外光波。这是因为它们的分子具有三个原子，可以振动并以红外波段的频率旋转。现在让我们考虑一个包含大气层的辐射平衡模型（图 4.1）。

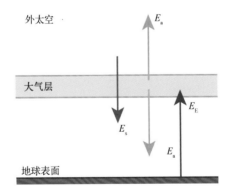

外太空

大气层

地球表面

图 4.1　温室气体辐射平衡模型

在大气层顶部，向外辐射到太空的能量为 E_a，其由大气温度决定。E_a 必须等于入射能量 E_s。只有如此，行星能量才能收支平衡：

$$E_s = E_a = \sigma T_a^4 \qquad (4.4)$$

该方程与式（4.2）相同，因此我们已经计算出 $T_a = T_p = 255$ K。但是大气是向各个方向辐射能量的，因此，当它向外太空辐射能量 E_a 时，其也在向地表辐射能量 E_a。

因此地表的辐射平衡为

$$E_E = E_a + E_s = 2E_s , \tag{4.5}$$

式中，E_E 是地表向外辐射的能量。因此，大气覆盖下的地表获得了双倍的太阳辐射能，地表温度变成

$$T_E = (2E_s/\sigma)^{1/4} = 2^{1/4} T_p \tag{4.6}$$

相比于没有大气层的情形，地表温度升高了 1.2 倍。T_E 不是 255 K，而是 303 K = 30℃。该值略高于实际温度，这是由于我们的模型过于理想化造成的。因为我们假设大气吸收了地表发出的所有红外辐射，而真实大气并非完全不透明。更细致的辐射模型可以给出更真实的地球温度。

如果真实情况接近理想温室，那么我们的简单模型给出的高温预测是比较准确的。事实上，在 1.4 亿年前至 6 600 万年前的白垩纪（Cretaceous period）就是一个类似的高温期。目前认为由于当时的火山活动导致大气 CO_2 浓度非常高，气温比当今平均气温高 15℃ 左右，达到约 30℃。同时，冰川融化导致海平面升高；白垩纪海平面高出当今海平面 100~200 m。当今部分大陆在白垩纪时期曾经被广阔的浅海所覆盖。由于海水热比容很大，使得温度空间分布异常均匀。

由此可见，大气的影响类似于温室的玻璃或塑料薄膜。它让太阳辐射通过，但其内部的温室气体吸收来自地表的红外辐射。温室气体的浓度增加导致大气对红外辐射吸收更强，地表温度因此升高。尽管与其他大气成分相比，CO_2 的浓度很小，但其温室效应却很显著。

4.2　气候演化史

如果我们只能使用一个物理量来描述气候特征，那么温度也许是最好的选择。我们可以找到大气的平均温度或平均海面温度，从中减去近年来的平均值，得到温度异常（temperature anomaly）。温度异常经常被用于描述气候变化。

很多气候数据库中都可以找到数百万年前的温度异常记录。研究人员在构建这些数据时使用了很多创新的方法。其中一种方法是测量氧同位素 ^{18}O 和常规氧 ^{16}O 的浓度比，远古时期的气温决定了这一比例。^{18}O 构成的水分子其蒸发需要更多的热量，因此在较冷的气候下，海水中 ^{18}O 比较富集。有孔虫的壳由碳酸钙（$CaCO_3$）组成，通过测量 $CaCO_3$ 中氧同位素的比例同时给样品定年（确定其形成的时间），人们便可以获得古代气候的记录。

氘（^2H），是氢（^1H）的一种同位素，其具有与 ^{18}O 相似的性质；它在降雪中的浓

度取决于当时的温度。在较冷的气候条件下，雪中的 ^{2}H 或 ^{18}O 较少，而海水中的含量较多。通过对南极洲钻取的冰芯进行氘同位素分析，人们可以重建古气候记录。冰芯能够达到的深度越深，获取到的冰的年龄也就越古老。南极冰芯可以深达 80 万年前形成的冰层。冰芯的另一个显著特性是其内部裹挟了很多气泡，这些气泡里含有古代大气的空气成分，比如温室气体，特别是 CO_2 的浓度可以直接测量得到。

图 4.2 同步展示了冰芯记录的近 80 万年温度异常、CO_2 浓度和海面高度。我们注意到的第一个现象是温度异常在 -10℃（很冷）和 4℃（略暖）之间来回振荡，而且暖和的时期相对较短。在近百万年的大部分时间中，地球的气候都比现在冷。这一振荡具有明显的周期性，大约是 100 ka（1 ka = 1 000 年），形成了所谓的"冰期－间冰期循环"。冰期（冰河时代）的各个大陆被冰川覆盖，这些冰川可以一直延伸到赤道。上一次冰期发生于距今 23 万年到 18 万年前。在间冰期（比如我们当下生活的时代），冰川衰退。图 4.2（c）显示了根据海洋沉积物数据（有孔虫碳酸盐）重构的海面高度[3]，其表现出类似形式的振荡。冰期大陆架暴露在外，在温暖的间冰期，大陆边缘则被冰川融化形成的洪水淹没。

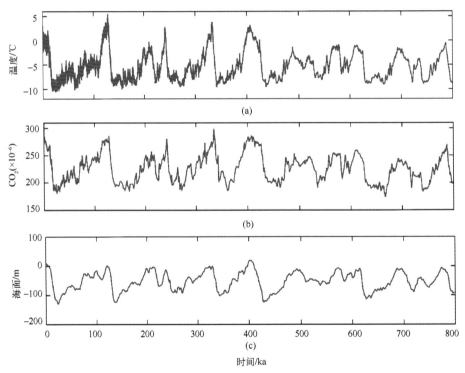

图 4.2　近 80 万年的气候特征

（a）温度；（b）二氧化碳（CO_2）浓度；（c）海面高度

横坐标单位是千年（ka）。数据来源：https://www.ncdc.noaa.gov/paleo/

CO$_2$ 浓度单位为 ×10^{-6} 表示百万分之几（parts per million，ppm）。它和温度之间的相关性在图 4.2 中表现得十分明显，这并不奇怪。我们通过 4.1 节辐射平衡模型可以知道，温度取决于入射的太阳辐射量和大气中温室气体的浓度。冰和 CO$_2$ 是影响地球气候系统的内部因素；同样，也存在一个非常重要的外部强迫。这一外部强迫是由于地球公转（绕太阳旋转）轨道的周期性振荡及其自转轴相对于太阳方位的周期摆动引起的。这些周期性变化被称为米兰科维奇循环，由塞尔维亚科学家米卢廷·米兰科维奇（Milutin Milankovitch）第一次提出。地球公转轨道的偏心率（表示轨道的椭圆程度），地球自转轴的倾斜度及其进动，都会影响地球接收到太阳辐射的季节变化及其在地表的空间分布。计算表明，主要存在三个周期：100 ka（10 万年）、41 ka（4.1 万年）和 23 ka（2.3 万年）。过去的 200 万年中，由于自转轴倾斜产生的 41 ka 周期信号在地壳氧同位素记录中十分清晰。图 4.2 中也可以清楚地看到10 万年周期，这一周期可能是由于地球公转轨道变化引起的，也可能是气候系统内部因素造成的，目前尚不明确。

4.3 气候变暖

现在，让我们关注工业革命以后的近两个世纪的气候变化。我们使用的气候变化指标依然是温度异常、CO$_2$ 浓度和海面高度（图 4.3 至图 4.5）。全球平均 SST 异常毫无疑问地表明气候正在变暖。自 18 世纪工业革命以来，化石燃料的使用一直有增无减。通过燃烧煤炭、石油和天然气，人类向大气中排放了大量 CO$_2$。在夏威夷的冒纳罗亚（Mauna Loa），人们从 20 世纪 50 年代就开始观测大气 CO$_2$ 浓度。夏威夷位于在太平洋中部，选择这一偏远地点是为了远离工业区，这样采集的数据可以代表整个星球的总体情况。图 4.4 显示近 70 年间 CO$_2$ 浓度持续增长，并于 2016 年 5 月达到 407.7×10^{-6}。与工业化前的 280×10^{-6} 相比，增加了 45%。该增幅远远超出了过去 100 万年间的变化范围：180×10^{-6} ~ 300×10^{-6}（图 4.2）。图 4.5 显示，海平面也以约每年 3 mm 的速度持续上升。

另一个重要的特征是海洋中的热量，即存储在水体中的热含量。热量可以由（比如 Argo 浮标）观测的温度廓线 $T(z)$ 计算得出。单位面积海水的热含量定义为

$$Q = \rho\, c_{\mathrm{p}} \int_{z_1}^{z_2} T(z)\, \mathrm{d}z \qquad (4.7)$$

式中，ρ 是密度；c_{p} 是海水的比热容；$T(z)$ 是观测得到的温度随深度的分布，称为温度廓线。图 4.6 显示了海洋上 700 m 和 2 000 m 的热含量。类似 SST，海洋热含量

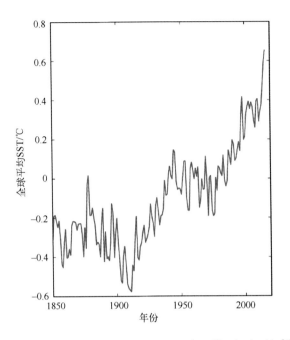

图 4.3　纵坐标为全球平均海面温度异常，横坐标为时间[4]

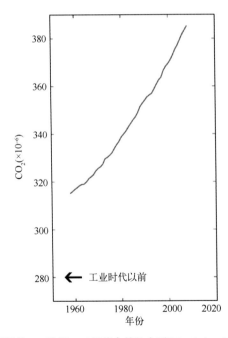

图 4.4　夏威夷冒纳罗亚测得的 CO_2 浓度，工业革命前的水平（Pre-industrial level）大致在 280×10^{-6} 左右

数据来源：The Carbon Dioxide Information Analysis Center，CDIAC[5]

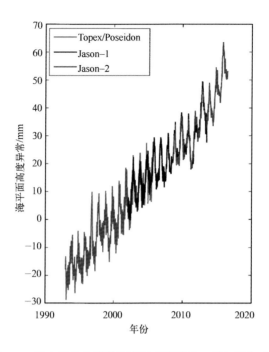

图 4.5　纵坐标为全球平均海面高度异常，横坐标为时间

数据来源：NOAA，Laboratory for Satellite Altimetry

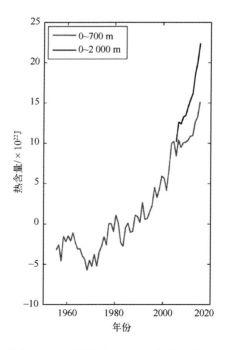

图 4.6　海洋上 700 m 和海洋上 2 000 m 的热含量（heat content）

数据来源：NOAA，National Centers for Environmental Information，NCEI

也在稳步上升。据估计，海洋上 700 m 的增暖对海洋热含量的增长贡献了 64%。在垂直方向上，热量从上层扩散到深层是十分缓慢的。

以上这些观测无疑指明气候变暖这一事实，同时指出人类活动即使不是导致气候变暖的唯一因素但也是十分重要的。

根据过去或当下气候变化趋势对未来 10 年、50 年甚至 100 年后的气候进行预测是十分困难的。我们可以根据当前的数据变化趋势进行简单的外推，这样做可能在短期内具有一定的预测作用。但是从长远看，气候系统是非线性的、混乱的，必须使用更复杂的方法。虽然人们已经开发出了相当复杂的数值气候模型，但是，预报时间越长，往往结果越不确定。即使存在这种不确定性，数值预报对于理解人类活动引起的气候变化及其所伴随的潜在风险仍是非常重要的。政府间气候变化专门委员会（Intergovernmental Panel on Climate Change，IPCC）在 2013 年报告[6] 中做出了以下几点预报。

（1）到 2035 年，全球平均地表气温升高可能在 0.3~0.7℃之间，到 21 世纪末可能达到 1.5~2℃。

（2）海洋将继续变暖；上层 100 m 深度海水的增温幅度在 21 世纪末将达到 0.6~2℃。在 1 000 m 深度处海水的增温幅度将在 0.3~0.62℃。需要注意的一点是从表层向深层的热量输运是缓慢的，因此即使表层发生了变化，深海的增温趋势将依旧保持很长时间。

（3）海平面将继续上升；不同的预报模型指出，到 21 世纪末，上升幅度将在 30 cm 至 1 m 之间。海水的热膨胀是海平面上升的主要原因，其贡献为 30%~55%，冰川融水的贡献为 15%~35%。

（4）大气环流：热带哈德莱环流（Hadley cell）可能会减弱，中纬度的纬向急流将向极地移动 1~2 个纬度。

（5）海洋环流：大西洋经向翻转环流（Atlantic meridional overturning circulation，AMOC）会减弱，但不太可能完全停止。

最后两点的意义需要在学习了第 7 章海洋动力学之后才能有所体会。气候预测使得我们能够推测不久的将来的情况，并且适当调整当下化石燃料的消耗。如果气候变化在一个多世纪或更长时间内缓慢进行，那么就有足够的时间进行调整。但如果气候迅速变化，后果可能是灾难性的。鉴于气候系统的非线性本质，我们不能排除气候突变的可能，而且历史上曾经发生过气候突变事件。

4.4　海洋在气候变化中的作用

本节我们将讨论海洋作为水和热的存储器在气候变化中的作用。首先，我们介绍海洋相比于气候系统的其他组成（大气和陆地）的重要性。显然，海洋包含了地球大部分的水，但是其热含量又是多少呢？考虑在一年之内大气、海洋和陆地共同储存的热量，这三者的温度都存在季节变化。高度为 H 且单位横截面积的物质所含的热含量由下式给出：

$$C = \rho H c_p \tag{4.8}$$

式中，ρ 是密度；c_p 是物质的比热。大气一般是对流不稳定的，并且会产生湍流混合。我们可以认为受季节性温度变化影响大气气柱高度为 7 km 左右。海洋的上层被风搅拌混合并且与大气接触，这部分受季节影响的水柱高度约为 100 m。大陆上的岩石和土壤的温度变化主要是热传导过程，相比大气、海洋中湍流混合造成的温度改变，热传导引起的温度变化要慢得多。仅顶部 1 m 的岩石温度会随季节变化。为了估算热容量，我们采用具有代表性的密度 $\rho = 1$ kg/m³（空气），1 000 kg/m³（水），3 000 kg/m³（花岗岩）和比热 $c_p \approx 1\ 000$ J/(kg·K)（空气），4 000 J/(kg·K)（水），800 J/(kg·K)（花岗岩）。带入式(4.8)获得热含量：$C \approx 7 \times 10^6$ J/m²（大气），4×10^8 J/m²（海洋）和 2×10^6 J/m²（陆地）。海洋热容量约为大气或陆地的 100 倍。

由此可见，海洋是气候系统中的主要热量储存库。另外，热量从充分混合的表层传播到深层需要很长时间，这两个属性使海洋成为气候系统的缓冲器；其能够消除大陆和大气中的快速振荡。海洋不仅可以储存热量和水，正如我们将在后续章节中看到的那样，它还可以在全球范围内重新分配热量和水，因此对气候系统具有重要的调节作用。

示例 4

让我们估算格陵兰冰川融化导致的海平面上升速度。GRACE 卫星对重力场的测量表明：格陵兰岛的冰流失率约为 $m = 100$ Gt/a $= 1 \times 10^{14}$ kg/a[7]（1 Gt $= 10^9$ t）。如果冰川融水均匀地分布在整个海洋中，我们可以通过将每年冰川融化产生的水体体积 m/ρ 除以海洋表面积 $A_0 = 3.62 \times 10^{14}$ m² 来得到 0.3 mm/a 的海面升高速度。这在短期内似乎并不十分显著，但在一个世纪内海面将上涨 3 cm。如果格林兰冰川随着气候变暖加速融化，那么海平面可能会显著升高。当然，另一个巨大的冰库是南极冰川。

示例 5

现在让我们估算一下仅仅由于海水热膨胀导致的海平面上升。假设海洋的上层 700 m 水体的平均温度增加了 1℃，那么其体积 $V = h A_0$ 则膨胀了

$$\Delta V = - \alpha V \Delta T \qquad (4.9)$$

式中，α 是第 2 章定义的海水热膨胀系数；ΔT 是增温；水温为 5℃ 和盐度为 35 时的海水热膨胀系数 $\alpha = -1.1 \times 10^{-4}/℃$。假设海面没有起伏，那么海洋由于受热膨胀导致的海平面升高为 $\Delta H \approx 8$ cm。

第5章 科 氏 力

地球自转可能是影响海洋或大气运动的最重要因素。由于我们生活在一个旋转的行星上，因此我们在一个随地球旋转的坐标系中观测和描述同样位于地球上的海洋、大气的运动。根据牛顿力学，随行星一起旋转的坐标系是非惯性的。这意味着牛顿第二定律在这样的坐标系中也许不能写成常见的形式：

$$F = ma \qquad\qquad (5.1)$$

F 是物体受到的合力；m 是物体的质量；a 是其加速度。力和加速度都是矢量，用黑体字表示。合力 F 通常包括重力以及与其他物体(或周围环境)的相互作用力。另外，我们还必须考虑系统旋转造成的加速度。由于该系统的坐标轴不断旋转，坐标轴的方向不停地变化，使得该旋转坐标系中的任何矢量(比如速度)的方向也在不断发生改变。牛顿第二定律指出：速度的任何改变(大小或者方向)都是由于力的作用。由此可见，旋转使得式(5.1)的右侧产生了额外的加速度，它是由于速度方向的不断旋转造成的。如果把这一额外加速度项挪到式(5.1)的左侧，即认为它等同于某种作用在物体上的外力。

让我们从简单的运动学开始，解释这种外力如何出现在方程中。设想在一个以角速度 Ω 旋转的盘子里放置一只虫子(图5.1)，其相距圆盘中心的距离为 r。我们站在地面上，从一个静止的坐标系(惯性坐标系)观察转盘里的虫子。假设虫子不动，那么我们看到的虫子的速度就是 $V = \Omega r$，其方向始终是沿着以 r 为半径的圆的切向。如果此时虫子开始以相对于转盘的速度 v 开始爬行，那么我们看到的总速度 v_{inertial} 将是转盘旋转速度 V 和虫子自身爬行速度 v 之和：

$$v_{\text{inertial}} = V + v \qquad\qquad (5.2)$$

这里我们使用下标"inertial"(惯性)来强调这是我们在惯性坐标系(静止的地面)下观测得到的虫子速度。因此，式(5.2)将惯性坐标系和非惯性(旋转)坐标系下观测到的速度联系了起来。速度物理意义十分直观，但牛顿第二定律所描述的是加速度。根据定义，加速度是速度矢量随时间的变化率。因此，为了获得惯性系统和非惯性(旋转)系统中的加速度间的关系，我们只要对式(5.2)求时间导数即可。求导需要小心的是坐标轴的方向也会随时间不断改变。通常在高年级的经典力学课程中会详细推导惯性系统和非惯性系统加速度之间的关系。这里为简单起见，我们跳过此步骤，直接给出结果：

$$a_{\text{inertial}} = a_{\text{cf}} + a_{\text{C}} + a \tag{5.3}$$

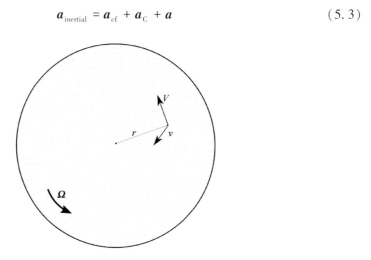

图 5.1　转盘中一只虫子的爬行速度分解

右侧最后一项的 a 表示在旋转坐标系内（即观察者随着系统一起旋转）观测到的加速度；a_{inertial} 表示在惯性坐标系内（即观察者站在地面）观测到的加速度；a_{cf} 表示惯性离心加速度；a_{C} 为科里奥利（Coriolis）加速度，也被称为科氏加速度或科氏力。这两项都是由于坐标轴的旋转产生的。现在，如果我们对式（5.3）两侧分别乘以小虫的质量 m，那么其看上去就是式（5.1）右侧的形式，只不过多了两项力，分别和 a_{cf} 以及 a_{C} 有关。前者对应的力是

$$F_{\text{cf}} = \Omega^2 r m \tag{5.4}$$

称之为惯性离心力。大部分读者对这个力是比较熟悉的。在玩旋转木马的时候，这个力试图将人甩出。它指向远离旋转轴的方向，其大小与离旋转轴的距离 r 成正比。因此，旋转木马中心处的离心力为零，离中心越远离心力越大。离心力与向心力容易发生概念混淆。向心力是使物体运动遵循圆形轨迹的力。例如，对于挂在绳索上摇摆的物体，绳索中的张力指向旋转轴，起到向心力的作用。请注意，向心力的概念仅在惯性系中使用。

式（5.3）右侧第二项 a_{C} 产生的力称之为科里奥利力（Coriolis force,），或科氏力，其大小为

$$F_{\text{C}} = 2\Omega v m \tag{5.5}$$

它是法国人 Gaspard-Gustave de Coriolis 提出的。只有当物体在旋转坐标系中运动时才会受到科氏力的作用。在日常生活中，我们很少体验到科氏力，因此读者对它并没有像对离心力那么熟悉。式（5.5）表示：科氏力大小与速度成正比。一个人

从旋转木马的中心跑向外围(或者反向跑),他可能会体验到科氏力的作用。在这种情况下,离心力推动(或者阻碍)跑步者的运动,而科氏力会将跑步者向其侧面拉!实际上,这个侧向拉力和奔跑的方向与跑步者离中心的距离都无关,这种拉力即是科氏力。但是,如果沿径向奔跑,科氏力的方向则不会与径向的离心力叠加。另外一个旋转木马实验可以更清楚地演示科氏力的作用。想象两个人,一个人坐在旋转木马的中心,另一个人在旋转木马的边缘。中心的人试图向他的朋友扔一个球(图5.2)。如果我们站在地面从外部观察,我们会看到球沿直线移动。但是实际上,接球者已经随着旋转木马转走了。他所看到的是球神秘地向其后方偏转了。为了解释发生了什么,就需要了解科氏力的存在。注意,当一个炮弹试图击中几千米外的目标时,也需要考虑科氏力,否则将总也打不中目标。

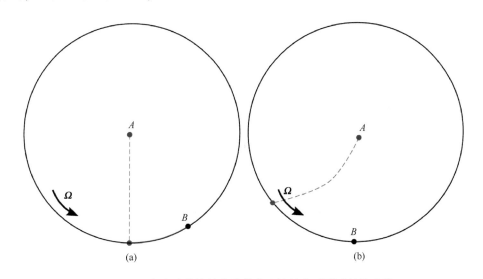

图 5.2　一个小球从旋转木马的中心被扔出后形成的轨迹线

(a)在惯性坐标系下(地面上站着的观察者)观测到的轨迹;(b)在旋转坐标系内部(观察者和系统一起旋转)观测到的轨迹

式(5.5)仅给出了科氏力的大小。科氏力的矢量形式既给出大小又给出方向,该矢量形式的表达式包含了一个矢量叉乘。两个矢量叉乘后得到的也是一个矢量,其方向垂直于这两个矢量构成的平面。所以科氏力垂直于物体速度矢量和地球自旋轴构成的平面。科氏力的方向可以由以下规则确定:如果旋转木马逆时针旋转,则科氏力指向物体运动方向的右侧。这种情形适用于地球的北半球;在南半球,科氏力指向运动方向的左侧。

请注意,离心力和科氏力有时被称为"虚拟"(fictitious)力,因为它们仅仅是由于系统旋转产生的,但这个词具有误导性。这两个力对于转盘上的虫子来说是真实的,对于生活在旋转地球上的我们这些海洋学家亦是如此。当我们通过旋转木马进行假想实验时，我们可以轻松地从静止坐标系统（惯性坐标系）切换到旋转坐标系统（非惯性坐标系）。但是，当我们研究海水运动时，这一切换有时会难以理解。由于我们和海洋都随地球一起旋转，所以我们观测行为是在旋转坐标系内进行的。为了方便，我们将始终保持在旋转坐标系内。下面，我们来考察旋转坐标系内的离心力和科氏力如何作用在运动的物体上。

让我们从离心力开始。实际上，离心力通常被包含在重力中，因此它不作为单独的一项出现在运动方程中。离心加速度 a_{cf} 取决于物体到地球自转轴的垂直距离（图 5.3）。a_{cf} 在北极点是零，在赤道最大，为 $a_{cf} = \Omega^2 R_E \approx 3 \times 10^{-2} \, \text{m/s}^2$。显然，离心加速度相比重力加速度 g 是很小的。因此，离心力仅会稍微改变物体受到的重力，物理海洋学家通常直接将其忽略。

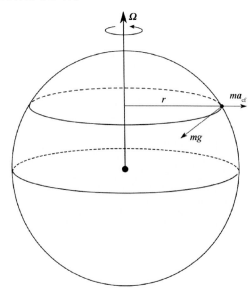

图 5.3　地表物体受到的离心力

另一方面，地球表面的一个物体受到的科氏力不仅取决于其位置，还取决于其速度，通常不能被忽略。图 5.4（b）展现了科氏加速度对物体所在纬度的依赖性。这里我们引入局部笛卡儿坐标系，其原点位于某个参考纬度 φ_0，x 轴沿纬线指向东，y 轴沿经线指向北，z 轴指向当地的垂直方向。在局部笛卡儿坐标系下作理论分析是十分方便的。地球的自转可以用矢量 Ω 表示，其方向指向北极的上空。需要谨记，地球绕其自转轴逆时针旋转，Ω 的方向由右手法则确定。想象一下，用螺丝刀从木头上拧下一个螺丝；逆时针旋转螺丝刀可将螺钉向上拔出。螺丝刀垂直运动方向（向上）定义了旋转矢量 Ω 的方向。当然，这是基于我们习惯的右手坐标系。假设我们研究纬度 φ_0 处的科氏力，我们可以把地球旋转矢量 Ω 直接平移到那条纬圈上，并且找到其在局部笛卡儿坐标系下各个方向的分量：垂直方向的分量为 $\Omega_z = \Omega \sin \varphi_0$，北向的水平分量为 $\Omega_y = \Omega \cos \varphi_0$。很多时候我们主要关心大尺度的洋流；其水平尺度比海洋深度(平均 4 km 左右)大得多，因此我们可以把大尺度海洋运动近似认为是一个薄层流体的运动。由于科氏力始终垂直于地球旋转矢量 Ω(地球自转轴的方向)和流速矢量构成的平面，因此水平分量 Ω_y 和水平流速叉乘后将产生垂向的科氏力。与垂向的其他力(比如重力)相比，垂向科氏力很小，大多数情况下可以忽略(除了赤道附近的特殊情况)。另一方面，Ω 的垂直分量 Ω_z 和水平速度叉乘产生了水平方向的科氏力。这股水平偏转力势必影响海流。在本书中我们仅关注科氏力的水平分量，其大小为

$$| \boldsymbol{a}_C | = 2\Omega \sin \varphi_0 | v | \tag{5.6}$$

显然，$| \boldsymbol{a}_C |$ 随纬度的升高而增大。$v = (u, v)$ 表示水平流速矢量，$\boldsymbol{a}_C$ 和 $| v |$ 之比用科氏参数 $f = 2\Omega \sin(\varphi_0)$ 来表示。在赤道 $\varphi_0 = 0°$，$f = 2\Omega \sin(\varphi_0) = 0$；在北极 $\varphi_0 = 90°$，$f = 2\Omega$；而在南极 $\varphi_0 = -90°$，$f = -2\Omega$。$\boldsymbol{a}_C$ 是水平矢量，其 x 和 y 向的分量分别是：

$$\begin{aligned} a_{Cx} &= fv \\ a_{Cy} &= -fu \end{aligned} \tag{5.7}$$

注意这两个分量差了一个负号，x 方向的科氏加速度正比于 y 方向的速度 v，y 向科氏加速度正比于 x 方向速度 u。这使得科氏力始终指向运动方向的右侧。

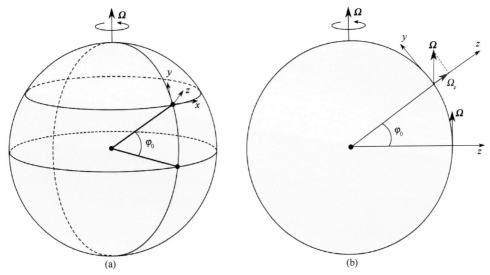

图 5.4　球面局部笛卡儿坐标系与旋转矢量 Ω 的分解

(a)地球表面一点所在的局部笛卡儿坐标系(x, y, z)；

(b)地球自转旋转矢量 Ω 在局部笛卡儿坐标系中的分解

第 6 章　流体运动控制方程

本章我们将推导简单形式的海水运动方程。完整的数学推导可以在流体力学相关课程中找到。这些细致的推导需要使用一些高等数学技巧，但是其背后的物理思想是通俗易懂的。下面，我们从动量方程式开始，然后介绍质量连续性方程。

6.1　动量方程

流体运动是由牛顿力学描述的。这里我们再次从牛顿第二定律出发，关注运动的流体中的一个微团。在流体力学实验中，我们通常加入几滴染料来展现流场。想象一个被染色的流体微团，其运动过程是可以被追踪的。根据式(5.1)，流体微团的加速度可以写成：

$$a = F/m \tag{6.1}$$

式中，F 代表作用在该微团上所有力的合力。这里，我们有四个力，其中三个是流体运动中普遍存在的力，第四个是由于坐标旋转造成的科氏力。

我们先从压强梯度力开始。压强梯度力是由流体内部压力空间分布差异造成并作用于微团上的驱动力。我们之前已经熟悉了压力在静力平衡中的作用。海水中漂浮的冰山以及地幔上漂浮的地壳都满足静力平衡。在这些问题中，我们要求同一高度的两点之间的压力相同，这样才能使系统始终处于静止状态。

现在，我们需要打破这一静力平衡，考虑压力的空间变化所产生的效应。根据定义，压力是作用在流体微团每单位面积上的挤压力，其方向与微团表面处处垂直。压力是由于相邻微团之间相互挤压、排斥造成的，其作用微团上的合力称之为压强梯度力。微团之间的挤压既有静力方面的原因，也有动力方面的原因。前者指微团受到其上方所有微团重力的挤压；后者指其四周微团的运动对其造成的挤压。如果该流体微团一侧的压力大于另一侧，则微团将从高压向低压运动并加速。压力差驱动流动的一个简单例子是连接两个水箱的管道中水的流动。当其中一个水箱水位较高时，水将流入另一个水箱，直到两个水箱中的水位相同。

压强梯度力所产生的加速度，即单位质量的流体微团所受的净压力，其数学表达式为

$$a_p = F_p/m = -\frac{1}{\rho}\nabla p \qquad (6.2)$$

ρ 代表流体密度；∇p 表示压力 p 的空间梯度，其指向 p 增大的方向。右侧的负号表示流体微团将从高压流向低压并沿该方向加速。沿着 x 方向的压力梯度可以用 $\partial p/\partial x$ 表示。或者，写成有限差分(finite difference)的形式：

$$\frac{\partial p}{\partial x} \approx \frac{\Delta p}{\Delta x} \qquad (6.3)$$

大写的希腊字母 Δ 表示压力 p 在 x 轴上相邻两点 x_1，x_2 之间的差异。这两点之间的压力梯度，可以近似地表示成

$$\frac{\partial p}{\partial x} \approx \frac{p_2 - p_1}{x_2 - x_1} \qquad (6.4)$$

式中，p_1 和 p_2 分别表示 x_1 和 x_2 点的压力。

　　我们要考虑的第二个力是重力。读者可能已经注意到在静力平衡中，重力已经包含在了压力中。因为某个深度的压力就等于由其上水柱的重力。让我们再次关注某个微团，为了简单起见，我们假设该微团的形状是一个边长为 a 的立方体。来自周围环境的压力从立方体的上下、左右、前后平面挤压该微团。立方体顶部受到向下的压力是 $p_{top}a^2$，其中 p_{top} 是立方体顶部的压强，a^2 是立方体任意侧面的面积。类似地，作用在底部的压力是 $p_{bottom}a^2$，它指向上方。两者之差是

$$(p_{bottom} - p_{top})\,a^2 = \rho g(d_{bottom} - d_{top})\,a^2 \qquad (6.5)$$

式中，d_{top} 和 d_{bottom} 是立方体顶部和底部所在的深度，两者之差即为立方体的厚度 a。上式的右侧变成 $\rho g a^3 = mg$，m 是微团的质量。如果流体微团的密度和周围环境的密度一致，微团在垂向上受到的净压力(净浮力)和其重力大小一样，方向相反(朝上)。此时，流体微团在垂向上是静力平衡的。这时，微团是很"轻"的，一个小扰动就可以使其在垂向上一直运动下去，这一点我们在游泳的时候就能感受到。人体的密度和水接近，为了克服浮力，潜水者经常负重下潜。因此水下环境也经常被用来模拟太空的失重环境。

　　但是当微团密度与周围环境不同时，会产生有趣的效果。当水温或盐度变化时，密度也随之变化。在这种情况下，微团的重力不等于其受到的浮力，这使得其在垂向加速运动起来，这一加速度称之为约化重力(reduced gravity)：

$$g' = g\frac{\rho_{parcel} - \rho}{\rho} \qquad (6.6)$$

ρ_{parcel} 和 ρ 分别表示流体微团密度和周围环境的密度。如果微团密度较大(温度较周围

环境冷或者盐度更高），则 g' 为正（向下），流体微团下沉至海底。反之，则上升至海面。如此便形成了海洋中的垂向对流。

第三个需要考虑的力是摩擦力。摩擦的发生是由于分子动力学过程，即水分子间的动量传递。水分子具有内能并不断振荡，这种振荡称为热振荡。通过振荡，分子相互碰撞交换动量和能量。想象一下，一个水体微团相对于周围环境做相对运动时，微团边界处的水分子必然与周围环境中的水分子相接触，并将其动量传递给它们。动量由此从这一个运动的微团向四周扩散出来，这个扩散过程就像染料在水中的扩散过程一样。数学上，扩散过程可以写成

$$a_{\text{friction}} = \nu \cdot \partial^2 u / \partial z^2 \tag{6.7}$$

它表示了 x 向流速（u）由于摩擦作用在垂直（z）方向上发生了衰减，进而产生了某种"加"速度（实际上是减速）。摩擦导致的衰减同样也发生在其他两个方向。这里我们使用了偏微分符号 ∂ 来强调上式中的微分是针对某一单独坐标方向而言的。摩擦力一般由速度的二阶空间导数表示，其系数 ν 称为运动学黏性系数，是流体的特征物理参数。某些液体（例如蜂蜜或甘油）的黏性较高；而另一些液体（比如水或水银）的黏度较低。20℃的水的黏性系数为 $\nu = 0.01 \text{ cm}^2/\text{s} = 10^{-6} \text{m}^2/\text{s}$。请注意，在研究大尺度海洋环流时，海洋学家使用的黏性系数远大于这个分子黏性系数。理论研究和数值模拟也都使用较大的黏性系数。在海洋数值模型中，ν 的范围从 $50 \text{ m}^2/\text{s}$ 到 $1\ 000 \text{ m}^2/\text{s}$ 不等，具体取决于模型的网格大小和一些其他因素。这样的数值黏性系数比水的分子黏性系数大了 7~8 个数量级。因此我们可以简单地认为数值模拟的海洋是由焦油或者糖蜜构成的。之所以使用这种超大黏性，是因为当前的海洋模型无法模拟所有不同尺度的运动，特别是那些水平尺度很小（比如几毫米波长）的波动。分子黏性抑制了这些小波的产生。海洋数值模型采用了所谓的有效黏性或涡旋黏性，其背后的物理思想是：涡旋黏性在海洋中起着类似分子黏性的耗散作用。海洋涡旋之间的彼此作用主导了动量和能量的交换，因此可以类比水分子间的相互作用。当然，海洋涡旋比水分子大得多，并且它们交换的动量和能量也远远大于水分子之间的交换。但是，海洋中的能量最终仍然是由分子黏性将其耗散掉的。

涡旋黏度是一个充满争议的概念，但海洋学家不得不使用它（即采用一个远远大于分子黏性的黏性系数），否则数值模型将给出不切实际的结果。海洋模型的主要问题之一是如何根据流场估算涡旋黏性系数。在不同海域，涡旋黏性系数不同；垂向黏性系数和水平黏性系数亦不相同；甚至有时候黏性系数可以是负数！如果我们认为海洋流场是由涡旋和背景大洋环流两部分构成的，那么负黏性意味着涡旋将其自身动量泵入背景环流中，而不是吸收、耗散大洋环流的动量。下面，我们将对

涡旋黏性系数使用不同的下标；用 A_h 和 A_v 分别表示水平和垂直方向的涡旋黏性系数，而用 ν 表示分子黏性系数。

运动方程中的第四种力是科氏力，我们在上一节已经进行了一些讨论。如果我们把所有的力写在式（5.1）的右侧，则将可以得到海水运动的动量方程。在第 7 章中，我们将进一步探讨方程中的这些力对海洋运动的影响，并推演一些简单情况下运动方程的解。

以上讨论的四个力是作用在所有流体质点上的。在海洋的边界处还存在其他的作用力，尤其是在上边界（海面）。海表面最重要的强迫是风应力。海面上的空气运动（风）与水体的相互作用非常复杂，涉及空气与水之间摩擦（即动量的传递），还涉及海面毛细重力波导致的动量传递。虽然具体的物理过程比较复杂，但是风应力的最终效果是将空气的动量传递给了上层海水。风应力是单位面积的海表所受的拖曳力（单位时间内的动量变化），可以使用以下公式计算：

$$\tau = \rho_a \, C_D \, U_{10}^2 \tag{6.8}$$

ρ_a 是海面附近的空气密度；U_{10} 是海面以上 10 m 高度处的风速；C_D 是风对海水的拖曳系数，它可以通过实验观测 U_{10} 随高度的分布测得，这里我们粗略地将其认为是常数 $C_D \approx 1.5 \times 10^{-3}$。

此处应对运动方程作一些额外的说明。大数学家欧拉（Leonhard Euler，1707—1783）和拉格朗日（Joseph-Louis Lagrange，1736—1813）对运动方程提出了两种不同的理解：后世称之为欧拉观点和拉格朗日观点。从欧拉的观点看来，海水运动方程刻画了固定空间位置上的流速（及其他属性）随时间的局地变化；而拉格朗日观点则认为方程刻画的是某个流体微团随时间的演化。拉格朗日的观点一般用于某些数值模拟，很少用于理论分析。海洋学家在提及此观点时会使用某些术语。例如，拉格朗日示踪剂指的是一些染色的流体微团或随流漂移的塑料小颗粒。通过追踪这些示踪剂在每个时刻的空间位置，可以测量其速度、加速度等物理量。拉格朗日漂流瓶指的是可以漂浮在海表或规定深度的小型设备，通常用卫星定位系统（GPS）来跟踪其运动。

欧拉观点是我们后面理论分析所采用的。使用这种观点时，我们不跟踪流体微团，而是关注一些固定的空间点上的流体属性随时间的变化。设想一下，我们用金属丝围成一个很小的立方体，将其没入流场中，使得流体可以自由地穿过它。现在我们要确定立方体内的流场特征。如果我们有无数个这样的空心立方体，并将它们放置到流场中一些我们关心的位置 (x, y, z) 上，这样我们可以获得一个随时间变化的速度场 $\boldsymbol{v}(x, y, z, t)$，它是三维空间和时间的四维矢量函数。矢量 $\boldsymbol{v}$ 的 x，y

和 z 分量分别是 u、v 和 w。但是，欧拉方法需要对式（6.1）左侧的加速度项进行一些修改。根据定义，加速度是速度随时间的变化率，x 方向加速度的表达式可以写成：

$$a_x = \mathrm{d}u/\mathrm{d}t = \partial u/\partial t + u\partial u/\partial x + v\partial u/\partial y + w\partial u/\partial z \tag{6.9}$$

其他方向加速度具有类似形式。式（6.9）看起来相当复杂，事实也的确如此：其右侧除了第一项时间导数以外，其他所有项都是非线性的，这些项包含速度分量的乘积。非线性使得直接求解解析解变得十分困难。实际上，通过对方程做一定的简化可以避免非线性项的出现。另一方面，非线性也使得流场变得像湍流一样杂乱无章。大气、海洋运动的本质是湍流，湍流的强非线性使得数值天气（海洋）预报变得困难。天气预报是基于对数值模型的时间迭代，其对未来 1~2 d 的预报通常是比较准确的，但是其长期预报结果则往往不可靠。因为湍流仍然是自然界尚未解决的经典数学问题之一。

还要注意，式（6.9）的非线性项在流体动力学中通常被称为"对流"（convection）或者"平流"（advection）。在公式中，其负责在流体内部输运动量。关于"加速度"和"力"的另一点说明是，流体微团的加速度代表的是其惯性或者其对外力的响应，因此加速度和力之间可以认为是等价的。这里，我们不会在意这些术语的细微差别，但有时会习惯性地使用不同的术语。

最后，我们写出海水运动的动量方程在 x、y 和 z 方向的表达式：

$$\frac{\mathrm{d}u}{\mathrm{d}t} - fv = -\frac{1}{\rho}\frac{\partial p}{\partial x} + \nu\frac{\partial^2 u}{\partial z^2}$$

$$\frac{\mathrm{d}v}{\mathrm{d}t} + fu = -\frac{1}{\rho}\frac{\partial p}{\partial y} + \nu\frac{\partial^2 v}{\partial z^2} \tag{6.10}$$

$$0 = -\frac{1}{\rho}\frac{\partial p}{\partial z} - g$$

x 和 y 方向动量方程中的各项从左向右分别是：流体微团的加速度，科氏加速度，压强梯度力和摩擦力。这里，我们仅仅考虑了流速 u、v 垂直剪切造成的摩擦。最后一个垂向动量方程中我们忽略了微团的垂直加速度和摩擦力，并且加入了重力加速度 g。这个垂向动量方程可以简化为静力平衡，得到深度 z 处的压力：

$$p = \rho g(\eta - z) \tag{6.11}$$

η 是海面的起伏；ρ 可以近似认为是常数。在第 1 章我们已经对静力平衡比较熟悉了。

6.2　质量连续方程

上一节中的动量方程是矢量分量形式的，三个方向的动量方程组成一个系统。但是，这个系统并不完备。系统具有 3 个未知数 (u, v, η)，但只有 2 个相互独立的方程，即 x 和 y 方向动量方程，这使得系统没有唯一解。类似的一个简单例子是：$x+y=0$；该系统具有 1 个方程，2 个未知数，它的解显然不唯一。为了让式（6.10）具有唯一解，我们还需要第四个方程。该方程刻画的是流体运动必须满足质量守恒，即一个流体微团在运动过程中质量不变。现在，我们将质量守恒应用于一个浸没在水中的假想（空心）立方体，立方体内部质量的变化只能取决于通过其侧边界流入或流出的质量之差。这一法则可以写成一个数学表达式，将立方体中的流体密度变化率与出入立方体的流体质量联系起来。除了质量守恒之外，我们引入另外一个假设来简化问题，即假设流体微团的密度不会随其运动轨迹上压力变化而改变：

$$\mathrm{d}\rho/\mathrm{d}t = 0 \tag{6.12}$$

这一表达式意味着流体微团在运动过程中不可被压缩。一般情况下，水的压缩性的确很差，除非外部压力很大。把一个水体微团从海面带到 4 000 m 深处，环境对其的压力达到 400 个标准大气压（即 400 个标准大气压的重量，1 个标准大气压等同于 10 m 水柱的重量），微团体积也不过缩小了 2% 左右。

将这种不可压缩性应用于质量守恒，并忽略具体的数学推导，我们就得到所谓的质量连续方程：

$$\partial u/\partial x + \partial v/\partial y + \partial w/\partial z = 0 \tag{6.13}$$

它包含了每个方向速度分量对该方向的空间导数。方程的左边代表了三维流场 (u, v, w) 的辐聚/辐散，也叫作散度；质量连续方程表明：在流场中的任意一点，流速既不辐聚也不辐散，三维散度为零。下面我们通过一些简单的例子展示如何运用这个方程。

示例 6

我们考虑一个二维（2D）平面上的流动。水平流速只有两个分量 (u, v)。二维流场并不意味着它必须无限薄；运动只需要在垂直方向上没有变化即可（上层运动和下层运动始终一致）。在二维流动中，所有物理量对于 z 的导数都消失了（不随深度变化），那么连续性方程简化成了

$$\partial u/\partial x + \partial v/\partial y = 0 \tag{6.14}$$

该式左侧表示流场在水平方向没有辐聚/辐散，流场的水平散度为零。

风吹过海面时驱动着海水向海岸堆积(图6.1)就像我们吹汤碗中的液体那样。x方向的速度 u 应该向岸减小，最终在岸上变成零(水不能穿过固体边界)。因此，$\partial u/\partial x<0$。为了让流场满足式(6.14)，即水平散度为零的要求，$\partial v/\partial y$ 必须为正，导致速度 v 沿着 y 方向增加。这样的简单分析使我们可以定性地预测出流场形态，如图6.1所示。

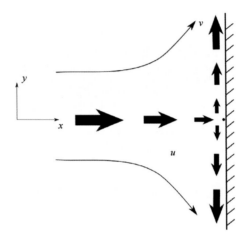

图6.1　冲向海岸的流动

示例 7

让我们考虑三维(3D)流动，并估算其速度导数。该示例解释了一个重要的海洋学现象。理论预测大部分海域的垂直流速是很缓慢的。这种垂直海流称为上升流或下降流。上升流/下降流具有重要的意义，它补偿了大尺度风场驱动的海表环流的水平辐聚/辐散。在海面，水平辐聚的流场必然形成下降流，反之，水平辐散的流场则引起上升流；否则流场的三维散度不为零，违背了式(6.13)。但是，直接测量垂直速度几乎是不可能的。因为这个速度很小，一般是 $w \approx 50$ m/a = 14 cm/d = 1.6×10^{-4} cm/s。如果我们尝试测量这个垂直速度，将获得相当大的瞬时观测值，每秒大约是数十厘米。这样快的垂直速度是由波浪、涡旋激发的湍流引起的。而我们关心的上升流/下降流的垂向流速远小于这个值，它将会被各种强信号(背景噪声)覆盖。但是幸运的是我们可以准确地测量水平流速，因为其量级远大于垂直流速。如果我们知道某个海域的水平速度分布，则可以由式(6.13)估计其空间的导数。那么，垂直流速 w 随深度的变化可以由下式给出：

$$\frac{\partial w}{\partial z} = -\left(\frac{\partial u}{\partial x} + \frac{\partial v}{\partial y}\right)$$ (6.15)

图 6.2(a)显示了大洋内部上升流的三维结构。在海面,水平流速向四周辐散开来,水平散度为正。为了补充表面辐散导致的局地质量缺失,深层水体必须上涌到表面,源源不断地进行补充。在这种情况下,垂直速度为正。如果海面流场反向,即汇聚于一点,水平散度为负,则必须将汇聚的水向下泵入深层。可见,表面流场的辐散/辐聚,分别引起了上升流/下降流。

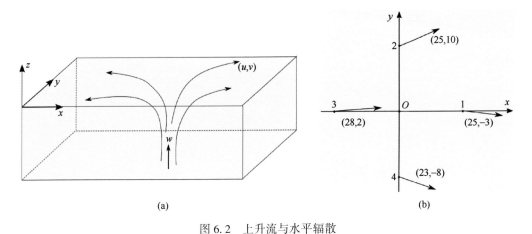

图 6.2　上升流与水平辐散

(a)上升流到达海面产生的水平辐散;(b)海表的四个点处的速度矢量

现在让我们试着估计垂直速度。假设在海表一定区域内的 4 个点测量水平速度[图 6.2(b)]。每个点的流速(u, v)以 cm/s 为单位,并在图中给出;点 1 和 3 分别位于 $x=\pm 50$ km,而点 2 和 4 分别位于 $y=\pm 50$ km。我们可以利用有限差分来估算式(6.15)中的导数:

$$\frac{\Delta w}{\Delta z} = -\left(\frac{\Delta u}{\Delta x} + \frac{\Delta v}{\Delta y}\right) \tag{6.16}$$

其具体可以写成

$$
\begin{aligned}
\frac{w_{\text{surface}} - w_{\text{deep}}}{\Delta z} &= -\left(\frac{u_1 - u_3}{x_1 - x_3} + \frac{v_2 - v_4}{y_2 - y_4}\right) \\
&= -\left\{\frac{(25 - 28)\,\text{cm/s}}{[50 - (-50)] \times 10^5\,\text{cm}} + \frac{[10 - (-8)]\,\text{cm/s}}{[50 - (-50)] \times 10^5\,\text{cm}}\right\} \\
&= -1.5 \times 10^{-6}\,\text{s}^{-1}
\end{aligned}
$$

$$\tag{6.17}$$

但是,这仅给出了垂直速度在一定深度范围 Δz 上的变化。观测发现,直接受风影响的表层厚度大约为 30 m,水平辐聚/辐射仅发生在表层。因此,我们可以将表层厚度作为对 Δz 的估计。在表层,w 随深度变化。达到海面时,垂直速度必须消失；在表层的底部，其值是w_{deep}。在超过 30 m 的深海，w 不随深度变化(保持为一个常数)，因为深海的流速水平散度为零。基于这些假设，我们估算：

$$w_{\text{deep}} = (1.5 \times 10^{-6} \text{ s}^{-1}) \Delta z = 4.5 \times 10^{-3} \text{cm/s} \qquad (6.18)$$

至此，我们利用水平流速数据估算得到了一个合理的上升流垂直速度。

第7章 简单的动力学

如果我们保留海水运动方程中的所有项，那么由于非线性项的存在，方程是无法求得解析解的。唯一求解的方法是把方程写成有限差分的形式，用数值模拟获得特定的计算解。数值模型是海洋学和气象学研究必不可少的工具，并已经被广泛应用。但是，为了能够解释数模结果以及实测获得的数据，我们必须理解背后的物理机制。通常，我们可以找到一些方法来简化运动方程，进而求得解析解。在接下来的内容中，我们将考虑一些特定的运动，其中某些力很重要而其他的一些力则可以忽略不计。我们首先定义运动的尺度，用于估计不同作用力之间的相对重要性。

7.1 尺度和无量纲数

首先我们定义以下尺度：

(1) L 是运动的水平空间尺度，代表流场在 x 和 y 方向上的空间范围。

(2) H 是运动的垂直空间尺度，代表流场在 z 方向上的深度。

(3) U 是流场的水平流速尺度，代表水平流速 u 或者 v 的某种均值。

(4) W 是流场的垂直流速尺度，代表垂直流速 w 的某种均值。

(5) T 是流场振荡的周期或者流场演化的时间尺度。

我们如何确定特定运动的以上这些尺度呢？所谓尺度并非准确值，而是对相应物理量数量级的估计。即使如此，我们仍然需要一些观测才能确定不同现象的尺度。例如太平洋环流。图 7.1 展示了卫星高度计观测的海面流场，高度计测量的是海面高度。稍后我们将详细介绍卫星测高。现在，我们仅仅关注流场所展现的不同空间尺度的各种现象。封闭的大尺度海洋环流被称为涡流（gyre），涡流横跨整个海洋，其水平尺度为几千千米，$L=5\times10^3\ \mathrm{km}=5\times10^8\ \mathrm{cm}$。一个合理的假设是涡流流场从海面一致延伸到海底，这使得其垂直尺度为 $H=4\ \mathrm{km}=4\times10^5\ \mathrm{cm}$。卫星高度计观测可以获得水平速度场，涡流水平流速尺度 U 可以近似认为是整个海域水平流速的均方根。大尺度环流的水平速度大约为每秒几厘米，某些强流区域可能达到每秒几十厘米，因此我们取 $U=5\ \mathrm{cm/s}$。垂直速度尺度难以直接获得。我们可以用第 6 章示例 7 中上升流流速的估计值 $W=5\times10^{-4}\ \mathrm{cm/s}$。

如果我们关注小尺度的海水运动，可以用类似的方式估算其特征尺度。例如一个涡旋（图7.1）的直径约为100 km，该值可用作其水平尺度 L。涡旋中的流体微团的圆周运动的速度为10~20 cm/s，代表了水平速度尺度 U。运动的垂直尺度很难确定，我们可能需要其他观测数据才能进行合理的估计。

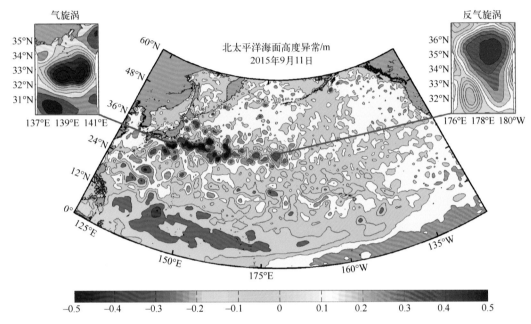

图7.1　北太平洋的海面高度异常（背景颜色，单位：m）以及一个气旋式（cyclonic）涡旋和反气旋式（anti-cyclonic）涡旋的放大图

一旦确定了运动的特征尺度，我们就可以比较式（6.10）中各个力（加速度）的大小。科氏力的大小是 fU，其中 f 是科氏参数。式（6.10）左侧的加速度项，或者其非线性的部分，即式（6.9），其大小为 U^2/L。我们将这两项大小之比定义为

$$Ro = \frac{\text{非线性加速度}}{\text{科氏加速度}} = \frac{U}{fL} \tag{7.1}$$

这个比率代表了流体微团的惯性相比于其所受科氏力的强弱，是个没有量纲（物理单位）的数，称之为罗斯贝（Rossby）数用以纪念著名气象学家罗斯贝（Carl-Gustav Arvid Rossby）。他是第一个通过流体运动方程描述大气运动的人。

时间尺度 T 需要特别注意。我们可以仅通过 L 和 U 来构建一个时间尺度：L/U。比如在一个涡旋中，L/U 表示流体微团绕涡旋中心旋转一圈所需要的时间。但是，当研究流场的时间演化或者水波的振荡时，我们可能会使用另一个时间尺度。例如大尺度涡流（大洋环流）是按年为周期调整其自身运动的，因此，$T=1$ a 是涡流调整

问题的合理时间尺度，可以用它来计算式（6.9）第一项的时间导数与科氏加速度的比：

$$Ro_t = \frac{时间导数}{科氏加速度} = \frac{1}{fT} \qquad (7.2)$$

这个无量纲数称为瞬时罗斯贝数。请注意，这时 L/U 表示流体微团以特征流速 U 横穿整个海域（宽度 L）所需时间，可能和 T 相差很大。

以上两个罗斯贝数都表示微团惯性和科氏力的相对大小。为了理解罗斯贝数的意义，我们可以计算一个涡旋的罗斯贝数 $Ro = 20/(10^{-4} \times 10^7) \approx 2 \times 10^{-2}$。这里我们取北纬 $\varphi = 45°$ 的科氏参数 $f = 2\Omega\sin\varphi = 10^{-4}\mathrm{rad/s}$。罗斯贝数远小于 1 意味着惯性力远小于科氏力，可以忽略不计；也就是说，对于涡旋内部的运动，科氏力是十分重要的。同样，也可以考察一下涡旋的瞬时罗斯贝数，即地球自转周期 $T_E = 1$ d 与涡旋中的微团绕涡旋中心一周所需时间 $T_{parcel} = 2\pi L/U$ 之比：

$$Ro_t = \frac{T_E}{T_{parcel}} \qquad (7.3)$$

涡旋内的一个微团绕其中心转一圈大概需要 6 d，比地球自转一周慢得多。因此，微团有足够的时间来"感受"地球自转造成的科氏力。类似地，大型涡流中的微团速度要比在单个涡旋内慢得多，因而涡流的罗斯贝数也更小。一般情况下，大尺度涡流的瞬时罗斯贝数也很小。

附带地，我们可以考察一些流传广泛的关于科氏力的小故事。比如有人声称冲厕所时或者在浴缸中放水时水流旋转方向和地球旋转有关，由此可以判断其所在的是南半球还是北半球。通过计算罗斯贝数，我们立刻判断这样的流动是否能够"感受"地球自转。假设马桶或浴缸的长度为 $L = 50$ cm，其中水流速为 $U = 10$ cm/s，我们得出 $Ro \approx 2\,000$。这么大的罗斯贝数意味着科氏力相比于惯性可以忽略不计，实际上水流旋转方向主要是由打开排水管前浴缸中的流场决定（依赖初始条件）。但是事实表明，如果在实验室进行非常精细的实验，保证在实验开始之前水缸中没有任何流动，那么这种方法确实可以告诉我们地球自转的方向，即所在的是南半球还是北半球。

无量纲参数还可以用于判断两个不同尺度流场的物理机制是否类似，即是否相同的力主导了流场的运动。假如我们在实验室中模拟一个海洋涡旋。由于我们已经知道科氏力对涡旋而言十分重要，因此我们必须让水缸旋转起来用以模拟地球自转（加入科氏力），转台可以实现这一目的。但是具体让它转多快呢？

另一个需要考虑的因素是，实验室涡旋显然比海洋涡旋小得多。假设我们有一个直径为 1 m 的圆柱形水缸，那么我们可以在其内激发一个直径为 10 ~ 20 cm 的涡旋，以确保它不会受到水缸侧壁的影响。另一个参数是涡旋内部的流速。在实验室中激发涡旋的一种方法是通过细管将水从水缸中抽出。这样，我们就可以像在浴缸排水那样产生一个涡旋。只不过现在的"浴缸"在不停地旋转。通过控制抽水的速度，我们可以在一定程度上控制涡旋中的流速，通常是每秒几厘米。

当不同流场的无量纲参数相同时，它们被称为动力相似。在我们刚才的例子中，我们比较了两者的罗斯贝数。在实验室，Ro 通常可以这样计算：

$$Ro_{lab} = \frac{1}{(15s)\,f_{lab}} \qquad (7.4)$$

这里我们取 $U = 1$ cm/s，$L = 15$ cm，f_{lab} 是由转台旋速决定的科氏参数。动力相似性原理要求实验室激发的涡旋和海洋涡旋具有接近的罗斯贝数，即 $Ro_{lab} \approx 2 \times 10^{-2}$，这就意味着 $f_{lab} \approx 3$ rad/s，要求转台旋转速度 $\Omega_{lab} = f_{lab}/2 = 1.5$ rad/s，其转一圈所需要的时间是 $\Omega_{lab} = 2\pi/\Omega_{lab} \approx 4$ s。能达到这个速度的转台并不难找到，即使是用于播放黑胶唱片的古董转盘也可以用于一些简单的实验。虽然实验室里的涡旋比海洋涡旋小得多，但是由于系统转速比地球自转快得多，使得实验室涡旋和海洋涡旋动力相似。鉴于这一相似性原理，基于实验室中涡旋的研究结果可以一定程度地推广到对真实海洋涡旋的预测中。注意，这里的动力相似性仅仅建立在相同罗斯贝数的基础上。其他无量纲数有时是十分重要的。一般情况下，实验室激发的流场不可能具有所有无量纲参数的动力相似性。因此，对特定问题，我们有时只要求最重要的那个无量纲参数满足相似性即可。

另一个重要的无量纲参数是埃克曼（Ekman）数。在黏性或摩擦力比较重要的情况下，埃克曼数主导了流体运动。埃克曼数是以瑞典海洋学家 Vagn Walfrid Ekman 的名字命名的，它表示运动方程式中黏性项和科氏力项之比，其表达式如下：

$$Ek = \frac{黏性}{科氏力} = \frac{A_v}{fH^2} \qquad (7.5)$$

公式中使用了运动的垂直尺度 H，这是因为我们仅考虑了摩擦力对流速的垂向衰减而忽略其造成的水平衰减。在海洋中，动量在垂向的交换（正比于流速随深度的变化）通常比在水平方向（正比于流速随 x 或 y 的变化）强烈得多，因为 H 比 L 小得多。同时需谨记海水的黏性系数取决于涡旋黏性系数，而不是分子黏性系数。我们取垂直方向的涡旋黏性系数 $A_v = 10^2$ cm²/s 和垂直尺度 $H = 4 \times 10^5$ cm，带入上式后得到埃克曼数 $Ek \approx 10^{-5}$。Ek 数值小是否意味着我们可以大胆地忽略海洋中的黏性呢？回答这个问题并不容易。在海洋内部的大部分区域，我们的确可以忽略黏性。但是在边界附近即紧靠海面和海底的薄层中，黏性的影响不可忽略。边界层是如此之薄，其内部运动的垂直尺度 H 非常小，以至于边界层中的 $Ek = 1$。这意味着黏性项和科氏力项具有相同的大小并且可以彼此制约。我们将在有关埃克曼动力学的章节更详细地讨论边界层。

7.2　惯性振荡

我们已学习了如何估算运动方程中各个力的相对重要性。下面，我们通过忽略一些不重要的力来简化并解决一些海洋动力学问题，比如风吹过海面产生海流这一普遍现象。我们假设风向是 x 方向，风对海面施加的应力记作 τ_x（每单位面积的力，以 N/m² 为单位）。如果海面表面积为 A，则施加到该面积的总力为 $A\tau_x$。该力使得厚度为 h 的表层海水运动了起来。那么，风作用于海水的加速度（每单位质量海水所受的力）为

$$a_{\text{wind}} = \frac{\tau_x A}{\rho A h} = \frac{\tau_x}{\rho h} \tag{7.6}$$

当然，x 方向的作用力驱动着海水在该方向加速。另一方面，科氏力始终垂直地指向运动方向的右侧（北半球），它使得海水沿负 y 方向运动。所以我们需要 x 和 y 方向的运动方程：

$$\begin{aligned} \frac{\mathrm{d}u}{\mathrm{d}t} - fv &= a_{\text{wind}} \\ \frac{\mathrm{d}v}{\mathrm{d}t} + fu &= 0 \end{aligned} \tag{7.7}$$

x 方向运动方程的右侧是风引起的加速度，左侧则是惯性加速度和科氏加速度。目前，我们暂时忽略摩擦力（稍后会再加进来）和压强梯度力，并且假设在风的吹拂下海面所有的流体微团以统一的方式一起运动，彼此之间不会相互挤压、碰撞，因此不受任何压强梯度力。式（7.7）被称为耦合微分方程，可以用标准化的数学工具来求解。读者可以很容易地找到式（7.7）的特解。假设海流在风的长期作用下达到了定常状态，即任何位置的流速都不再随时间变化。这时公式中关于时间的导数项自然消失了，剩下的只是科氏力和风的强迫：

$$\begin{aligned} -fv &= \tau_x \\ fu &= 0 \end{aligned} \tag{7.8}$$

解得 $u = 0$；$v = -\tau_x/f$。海水微团的运动方向垂直于风向（向南），而标准方法给出的

式(7.7)通解形式为

$$u = \frac{a_{\text{wind}}}{f}\sin(ft)$$

$$v = \frac{a_{\text{wind}}}{f}\big[\,1 - \cos(ft)\,\big] \tag{7.9}$$

该公式给出了(海面所有的)微团在不同时刻的速度。速度大小 $U_0 = a_{\text{wind}}/f = \tau_x/(\rho f h)$ 是由风应力和科氏参数决定的。我们还可以计算出这些微团的运动轨迹。一个位于海面 (X, Y) 位置的微团其速度可以表示为

$$\frac{\mathrm{d}X}{\mathrm{d}t} = u$$

$$\frac{\mathrm{d}Y}{\mathrm{d}t} = v \tag{7.10}$$

将 u, v 表达式带入上式的右侧并做时间积分，就得到了微团的运动轨迹：

$$X = \frac{U_0}{f}\big[\,1 - \cos(ft)\,\big]$$

$$Y = \frac{U_0}{f}\big[\,ft - \sin(ft)\,\big] \tag{7.11}$$

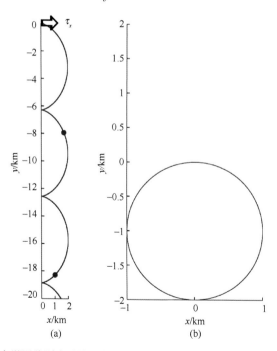

图 7.2　表层的一个海水微团分别在连续不断的风驱动下(a)和一个脉冲式的风驱动下(b)的运动轨迹

横纵坐标分别是东西向和南北向距离

图 7.2(a)显示了在北纬 45°一个速度为 $U_0 = 10$ cm/s 的海水微团的运动路径。其轨迹呈现出一个摆线形状，微团沿着摆线在负 y 方向上以速度 U_0 漂移。这与车轮滚动前进时其上一点的轨迹是类似的。轨迹上的两点表示在 $t = 1$ d 和 2 d 时的海水微团的位置。

风驱动产生的水体输运称为风生输运，它是微团速度乘以水层厚度 h，该定义十分有用。在之前的分析中，我们仅有 y 方向的传输，它是由 x 方向的风驱动的：

$$v_y = -h\,U_0 = -(h\,a_{\mathrm{wind}})/f = -\tau_x/\rho f \tag{7.12}$$

式中，负号表示传输方向为 y 轴负方向。请注意，微团的圆周往复运动不对风生输运产生贡献。风生输运是风对表层的主要影响，使得整个表层水体垂直于风向移动。我们对此不应过分惊讶，因为我们已经熟悉了科氏力的偏转作用。在介绍埃克曼运动时，我们将详细地探讨风生输运。

一个脉冲式的风应力仅会在一个很短的时间内引起微团的圆周运动[图 7.2(b)]而并不引起恒定的漂移。这种运动可以看作是微团位置 x 和 y 在某个值附近的来回振荡，称之为惯性振荡。该圆周运动的周期由式(7.11)中的正弦或余弦的参数确定：

$$T_{\mathrm{inertial}} = 2\pi/f = 2\pi/2\Omega\sin\varphi = T_{\mathrm{E}}/2\sin\varphi \tag{7.13}$$

式中，$T_{\mathrm{E}} = 1$ d 是地球自转的周期。由于 f 取决于纬度，因此惯性振荡周期也与纬度有关。在高纬度的极地海域，$T_{\mathrm{inertial}} = 12$ h；在中纬度海域(45°N) $T_{\mathrm{inertial}} = 17$ h，在赤道处 T_{inertial} 变得无限大。微团运动轨迹称为惯性圆，半径为 $R_{\mathrm{inertial}} = U_0/f$。

惯性振荡在漂流浮标的轨迹中经常被观察到。浮标随表层水自由漂移，其携带有传感器可以沿途测量海水的各种特征，它们的位置可以通过卫星追踪。图 7.3 显示了三个不同纬度上的漂流浮标轨迹，其惯性周期从 1.1 d 到 4.5 d 不等。圆点表示漂流浮标每天的位置。这些位置数据可用于检验惯性振荡理论。将轨迹形成的闭合回路的个数除以漂流的天数，可以给出浮标完成每一个闭合回路(即惯性圆)所花费的平均时间。如果该时间接近式(7.13)给出的惯性周期，则认为漂流浮标经过了一系列的惯性振荡。图 7.3 显示，三个漂流浮标的振荡周期与理论预测的惯性周期非常接近。有时漂流浮标会被海洋涡旋捕获，并绕着涡旋中心做圆周运动，但是该运动的周期明显与惯性周期不同。

风输入海洋表层中的很大一部分能量用于激发惯性振荡。我们可以将惯性振荡视为海洋内部波动(称之为内波)的一种特例。与表面波相反，内波可以同时在垂向方向和水平方向上传播，从而将能量带离风驱动下的上层海洋。

在基于转台的室内实验中也可以观察到惯性振荡[8]。一个在转台上自由滚动的金属球可以类比一个海水微团。如果转台表面是平的，离心力会将球从桌子上甩开。

在海洋中，离心力相比于重力是很小的，虽然其方向和重力方向不完全一致，但通常可以被包含在重力中。

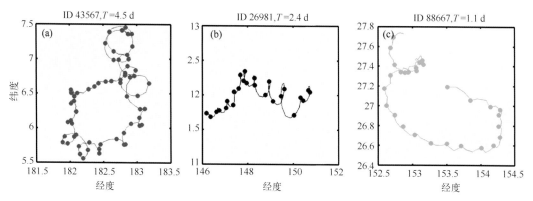

图 7.3　不同纬度的三个漂流浮标轨迹

（a）$\varphi = 7°N$；（b）$\varphi = 12°N$；（c）$\varphi = 27°N$

惯性周期 T 由式（7.13）计算得到，单位为天（d）。圆点之间的时间间隔为 1 d。

数据来源：NOAA

在实验室我们也可以模拟出类似的效果。为此，我们把一个类似雷达表面的抛物面放置在转台上［图 7.4(a)］。当一个质量为 m 的小球在该抛物面上受力平衡时，该抛物面对小球的法向支持力为 N，其 x 分量 N_x（指向转台中心的旋转轴）正好与离心力 $F_{cf} = \Omega_{lab}x^2$ 平衡（指离旋转轴），Ω_{lab} 是转台转速，x 是小球相距旋转轴的距离。抛物面的高度为 $y = ax^2$，其中 a 是抛物面曲率系数，且有

$$\Omega_{lab} = \sqrt{2ga} \tag{7.14}$$

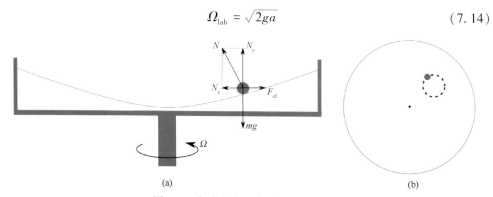

（a）　　　　　　　　　　　　　　（b）

图 7.4　实验室中观察到的惯性振荡

（a）旋转平台上的抛物面内的小球所受到的力；（b）一台随着转台转动的摄像机所观察到的小球的运动轨迹

如果转台以式(7.14)给定的速率旋转，则小球受到的离心力将被 N_x 抵消。在没有其他外力的情况下，小球不会朝着或远离旋转轴运动。下面，我们就可以开始具体实验。比如我们轻推一下小球，通过一个与转台一起旋转的摄像头俯视球的运动。

在旋转坐标系中，摄像将发现球的运动轨迹是一个惯性圆，如图 7.4(b)所示。

7.3　埃克曼(Ekman)边界层

在这一节我们研究摩擦在海洋中的作用。将海洋平均深度带入埃克曼数的表达式发现：在海洋内层摩擦力相比于其他力是很小的。但是，我们知道海水的动量是由风注入的，这种动量输入集中在非常薄的表层。在那里，海水黏性(实际上是涡旋黏性而非分子黏性)引起的摩擦力十分重要，可以与科氏力平衡。因此，这两个力的大小必须是接近的，两者之比接近 1，即埃克曼数接近 1。我们不妨就让埃克曼数等于 1，通过其表达式(7.5)，我们可以反推出表层的厚度：

$$h = \sqrt{\nu/f} \tag{7.15}$$

实际计算中，涡旋黏性系数 A_v 代替了分子黏性系数 ν，因为海水微团(通常表现为涡旋)之间的动量传递要比水分子之间强烈得多，起主导地位。这样得到海洋表层厚度 h 为 10~50 m。相比于海洋平均深度，这个表层的确很薄。

风吹拂海面时，风的动量是如何传输到海水中以及在水中又是如何向深层传输的呢？海水运动方程可以写成以下形式：

$$-fv = \nu \frac{\partial^2 u}{\partial z^2}$$
$$fu = \nu \frac{\partial^2 v}{\partial z^2} \tag{7.16}$$

注意这两个方程和我们之前使用的式(7.7)不同。其右侧加入了流速的二阶垂向导数，代表(水平)动量在垂直方向的扩散。同时，我们忽略微团的惯性加速度项：du/dt 和 dv/dt。这意味着我们假设流场是定常的，任意空间点的流速不随时间变化；同时，我们还假设非线性是很弱的，可以忽略不计。在罗斯贝数和瞬时罗斯贝数都比较小的情况下，即 $Ro \ll 1$，$Ro_t \ll 1$，这些假设都是合理的，因此我们可以放心大胆地忽略惯性加速度。和之前一样，我们忽略压强梯度力。运动方程剩下的部分就十分简单了，即摩擦力和科氏力的平衡。

风应力并没有直接进入式(7.16)，而是作为其边界条件出现。在海表，存在应力的平衡。作用于海面的风应力 τ_x 必须等于海面之下海水的黏性应力。这样，海水才能"吸收"风对其的拖曳并将其传给深层海水。数学上，这个上边界条件可以写成

$$\frac{\tau_x}{\rho} = \nu \frac{\partial u}{\partial z} \tag{7.17}$$

控制方程式(7.16)及其边界条件式(7.17)构建了一个系统，它的解为

$$u = U_0 \exp\left(\frac{z}{\sqrt{2}\,h}\right) \cos\left(\frac{z}{\sqrt{2}\,h} - \frac{\pi}{4}\right)$$
$$v = U_0 \exp\left(\frac{z}{\sqrt{2}\,h}\right) \sin\left(\frac{z}{\sqrt{2}\,h} - \frac{\pi}{4}\right)$$

(7.18)

式中，$U_0 = \tau_x /(\rho f h)$ 是海面($z=0$)处的流速大小，和式(7.12)的定义一样。式
(7.18)刻画了一个有趣的流场结构。海面流速指向风向的右侧45°，流速大小随深
度以 $\exp(z/\sqrt{2}\,h)$ 的方式指数衰减，其方向随深度 z(为负，因为 z 轴指向上)做顺时
针旋转。当深度达到 $z = -h$，流速大小只有表面流速的 $\exp(-1/\sqrt{2}) \approx 50\%$。我们把
厚度为 h 的表层定义为上埃克曼(Ekman)层，把上埃克曼层中的这种螺旋形状的流
场称之为埃克曼螺旋(Ekman spiral)(图7.5)。

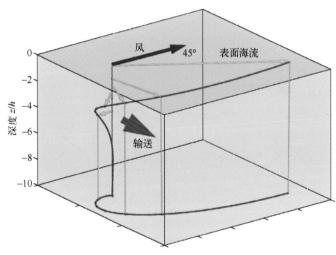

图 7.5　表层的埃克曼螺旋

z/h 为无量纲深度。

　　埃克曼螺旋的发现是一个有趣的故事。挪威探险家南森(Fridtjof Nansen)在一次
北极考察中发现海面冰山的漂流方向总是在风向的右侧20° ~ 40°。当时还是瑞典乌
普萨拉大学(Uppsala University)学生的埃克曼被他的老师 Vilhelm Bjerknes 指派去解
释这一现象。埃克曼在他1902年的博士论文中通过理论分析完美地解释了这一现
象，并在1905年发表了著名论文。

　　由于海面波浪的干扰，直接观测埃克曼螺旋十分困难。有人在海冰下观测获得
了清晰的埃克曼螺旋。在实验室实验中，由于水的黏性较小，埃克曼层非常薄。取
水的分子黏性系数 10^{-2} cm²/s 和转台转速 3 rad/s 可以得出 $h = \sqrt{10^{-2}/3} \approx 0.06$ cm 的

埃克曼层厚度。显然，在这样的薄层中观测埃克曼螺旋并不容易。幸运的是，如果我们使用大黏性液体（例如甘油），则可以将埃克曼层"拉伸"到大约 10 cm 厚度，这将方便我们观察埃克曼螺旋结构。图 7.6 显示了一个实验，让风吹过甘油的表面。将高锰酸钾溶液滴入水缸的中心，留下一条紫红色的垂直轨迹，轨迹上的色素被水流带动后显示出了一个完美的埃克曼螺旋，其表面流速与风向夹角正好为 45°。

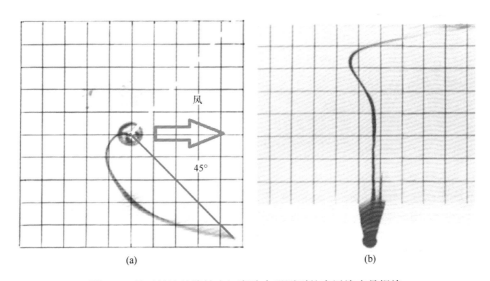

图 7.6　基于甘油的旋转水缸实验中观测到的表层埃克曼螺旋

（a）俯视图；（b）侧视图

风向如蓝色空心箭头所示。轨迹线是通过在水缸中心加入紫色高锰酸钾溶液后形成的，

背景蓝色网格点间距为 1 cm。

图片由 S. Sakai 提供

海表边界层（上埃克曼层）是风应力产生的。在海底，也存在一个类似的边界层。在那里，流体运动方程不变，但边界条件不同。边界条件不再包含风应力，取而代之的是要求流速必须在海底消失，$u = v = 0$。在流体力学中，这称为无滑移条件，通常用于固壁边界。紧贴固体边界的流体微团由于其与固体边界的吸引力而吸附其上，导致流速为零。经过一些修改的埃克曼理论同样适用于底边界层，因此底边界层也称为底埃克曼层。在那里，动量通过黏性应力从近底部的流体向下传递到海底，并与科氏力平衡。在此过程中，流速随深度衰减（并在海底消失），其方向也随深度发生旋转。

如果将上埃克曼层的流速随深度积分，我们可以得到之前定义的风生输运，也叫埃克曼输运，它是风驱动的海水体积输运，表达式为

$$V_x = \int_{-\infty}^{0} u \, \mathrm{d}z = \frac{\tau_y}{\rho f} \tag{7.19}$$

积分结果与式(7.12)给出的结果完全一致，虽然我们在推导式(7.12)时采用了非常理想化的假设：风的拖曳力均匀地分布在厚度为 h 的表层中。由此可见，埃克曼层中具体的速度分布对于埃克曼输运并不重要。当风应力同时具有 x 向和 y 向分量时，埃克曼输运也变成了矢量，其两个方向的分量为

$$V_x = \frac{\tau_y}{\rho f}$$
$$V_y = -\frac{\tau_x}{\rho f} \tag{7.20}$$

这个结论十分实用。请注意，运输量并不取决于黏性，而涡旋黏性系数是很难确定的。使用这一表达式，我们可以研究表层运动如何影响深层大洋。为此，我们需要利用质量连续性方程式(6.13)。在第6.2节示例7中，我们学习了如何利用流场水平散度求得垂直速度[式(6.17)、式(6.18)]。在表层的底部，垂直速度 $w_{\mathrm{Ek}}^{\mathrm{top}}$ 是由表层水平散度乘以其厚度给出的。当水平流速随深度变化时，我们可以构建更通用的方法来估算 $w_{\mathrm{Ek}}^{\mathrm{top}}$。如果已知埃克曼层的水平流速$(u, v)$，我们可以将其水平散度在该层垂直积分，得到埃克曼层水平体积运输。然后，$w_{\mathrm{Ek}}^{\mathrm{top}}$ 的表达式变成

$$w_{\mathrm{Ek}}^{\mathrm{top}} = \frac{\partial V_x}{\partial x} + \frac{\partial V_y}{\partial y} \tag{7.21}$$

方程右侧表示埃克曼层输运的水平散度。将埃克曼输运表达式(7.20)带入，得到：

$$w_{\mathrm{Ek}}^{\mathrm{top}} = \frac{1}{\rho f}\left(\frac{\partial \tau_y}{\partial x} - \frac{\partial \tau_x}{\partial y}\right) \approx \frac{1}{\rho f}\left(\frac{\Delta \tau_y}{\Delta x} - \frac{\Delta \tau_x}{\Delta y}\right) \tag{7.22}$$

右侧使用了有限差分来近似中间的偏导数。6.2节的示例7展示了如何具体计算有限差分，这需要我们事先知道水平网格点上的被求导变量的值。式(7.22)意味着如果给定各个点的风应力，我们就可以得到垂直速度。海面风场可以由卫星遥感测量，其数据可从一些公开的数据库下载获得。

垂直速度是表埃克曼层对深层大洋的主要作用，这种效应叫作埃克曼抽吸。在深海，埃克曼抽吸使得海水上涌 $w_{\mathrm{deep}}>0$ 或下沉 $w_{\mathrm{deep}}<0$。我们将在风生环流一节具体讨论上升流/下降流。注意方程式(7.22)括号中的表达式与式(7.21)中的散度存在差异，前者在数学上称为旋度，表示矢量场的旋转强弱。流体动力学中，对矢量场取旋度的微分算符用 Curl 表示。

海洋的底埃克曼层也会产生类似的抽吸作用。在底埃克曼层的顶部，抽吸速度为

$$w_{Ek}^{bottom} = \frac{h}{\sqrt{2}}\left(\frac{\partial v_g}{\partial x} - \frac{\partial u_g}{\partial y}\right) \tag{7.23}$$

这里 (u_g, v_g) 代表位于底埃克曼层之上海洋内区的水平流场。方程右侧再次出现了旋度算符，只不过这里我们对海洋内区流场 (u_g, v_g) 取旋度，而不是对海表风应力取旋度（Curl）。流速场的旋度称为涡度，是非常有用的物理量。式（7.23）计算的是海洋内区流场的涡度。由此可见，底埃克曼层内的抽吸速度取决于其上部（海洋内区）的流场涡度。下一节，我们将讨论（远离上下边界的）海洋内区的流动，称之为地转流。

示例 8

在实验室经常可以观测到底埃克曼层的抽吸现象。图 7.7 展示了一个转台上水缸的侧视图。图 7.7(a) 黑色长条是一个旋转的薄片，其激发了一个涡旋，并向下游 [图 7.7(b)] 漂去。通过染色，我们看到柱状涡旋被层层黑色水幕包裹。这是一个气旋式涡旋，因为其旋转方向和转台旋转方向一致。涡旋内部流场的涡度是正值。根据式（7.23），涡旋内部的埃克曼抽吸速度为正，$w_{deep} > 0$。这个涡旋能够像吸尘器一样从底部向上抽水。在照片中，我们可以清晰地看到在涡旋底部的圆锥形结构，这是由于较轻的流体被抽吸到涡旋中时在底部发生堆积形成的。因此，气旋涡流引起上升流，而反气旋涡流（以相反的方向旋转）引起下降流。

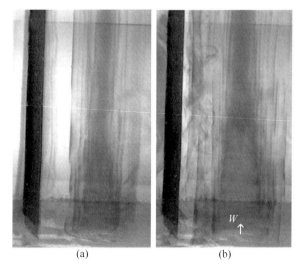

图 7.7 实验室观测到的泰勒柱底部的埃克曼抽吸

示例 9

这个例子展现了一个典型风生大洋环流流场：海面大尺度风场包括了所谓的西风带和东风带，其中西风带的风自西向东吹，而东风带的风则是自东向西吹。图7.8 所描绘的风应力驱动的海洋环流是什么样的呢？风会在表埃克曼层驱动一个向右的体积输运，这个输运（橙色箭头）指向风应力为零对应的等值线（橙色虚线），并向着该等值线辐聚。水平辐聚驱动了下降流。同时，表层的辐聚辐散驱动了海洋内区的地转流，其流向与风向是一致的。与此同时，底埃克曼层对内区运动的摩擦使得底埃克曼层的水平输运与表层反向。当表层的海水辐聚下沉时，底层海水则辐散开来。我们将在第 8 章讨论实际观测到的风生环流。

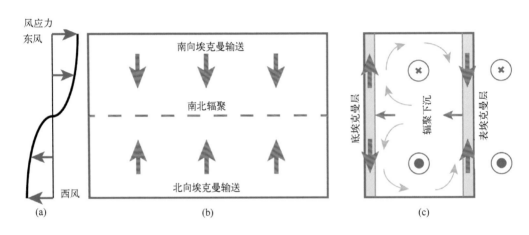

图 7.8　东风带和西风带对应的风应力（a）及其驱动的埃克曼输运的俯视图（b），图（c）是沿着垂直于虚线（零风应力线）的南北方向将海洋切开后断面上经向翻转环流示意图，这里断面顺时针旋转了 90°

示例 10

这个例子解释了沿海上升流的机理。沿着海岸吹的风（图 7.9）驱动了表层的离岸埃克曼输运，同时表层缺失的水体被深层上升的水补充。沿海上升流对海洋生物和人类活动而言是一个非常重要的现象。上升流含有海洋生物必需的营养盐。因此，上升流地区的海洋渔业生产力较高。秘鲁和智利西岸的洪堡流（the Humboldt Current）海域就是上升流区。该区域还有一种有趣的"厄尔尼诺"（El Niño）现象。每隔几年，在圣诞节前后，上升流就会停止。这对依赖它的人们造成了可怕的影响。事实证明，厄尔尼诺现象不是局地现象，而是大尺度海洋、大气振荡的一种体现，具有全球效应，几乎影响世界各地的天气。

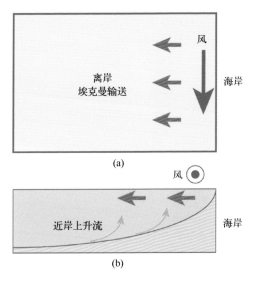

图 7.9　沿岸上升流

（a）俯视图；（b）侧视图

7.4　地转流

本节我们将探讨远离边界的海洋内区的运动。风应力或黏性应力直接影响了表层和底层，它们对于海洋内区的影响微乎其微。但是，内区却受到埃克曼抽吸产生的垂直运动的作用。在考虑埃克曼抽吸如何影响内区流场之前，让我们介绍描述海洋内区运动的一般方程。

假设罗斯贝数、瞬时罗斯贝数和埃克曼数都很小，即 Ro、Ro_t、$Ek \ll 1$，那么与科氏力相比，流体微团的惯性加速度和黏性应力就可以忽略。当这些项都消失之后，科氏力与哪种力平衡呢？答案是压强梯度力。最终的方程形式非常简单：

$$-fv = -\frac{1}{\rho}\frac{\partial p}{\partial x}$$

$$fu = -\frac{1}{\rho}\frac{\partial p}{\partial y}$$

（7.24）

这两个式子称之为地转平衡（geostrophic balance）。地转"geostrophic"一词由两个希腊单词拼成，表示"地球在旋转"。地转平衡方程是诊断性的。如果压力给定，我们可以直接将其带入右侧求其空间导数，进而算出地转流（u_g, v_g）：

$$u_g = -\frac{1}{\rho f}\frac{\partial p}{\partial y}$$

$$v_g = \frac{1}{\rho f}\frac{\partial p}{\partial x}$$

（7.25）

　　有趣的是 x 方向的流速取决于 y 方向的压力梯度，y 方向的流速取决于 x 方向的压力梯度。类似的关系我们已经在介绍埃克曼输运时有所接触，这一关系表示地转流的方向始终垂直于压强梯度力。

　　气象学家通过遍布大陆和岛屿的气象观测网来测量大气压力。利用这些测量值，他们可以计算出地转风。海洋学家使用卫星高度计测量海面高度（第 3 章）。海面高度可以转化为海面压力场。图 7.12 展示了一张海面高度图（即海面压力）。和地形图类似，图上的线条描绘了起伏的海面，就像地形图上的丘陵和山谷。任意一条曲线上的海面高度（压力）都是相同的；相邻两条曲线的高度（压力）差是固定的，我们称这样的线为等高（压）线。压强梯度力垂直于当地的等高线（与其切向方向呈 90°夹角）指向压力较大一侧。由于地转流方向始终垂直于压强梯度力，因此地转流总是沿着等高线运动的。在北半球，地转流围绕着高压（山峰）做顺时针方向流动，围绕低压（盆地）做逆时针方向流动。如果高度（压力）地形图中有峡谷或山脊，则海水沿峡谷或山脊的一侧流动，并在另一侧相反流动。

　　这种流动看起来违背日常经验。因为我们习惯于流体是从高压流向低压的，而不是沿着等高（压）线运动（第 7.6 节）。但是如果回想一下科氏力对运动的偏转作用，那么一切都变得清晰了。流体从高压流向低压的倾向依然是存在的，但是在科氏力的偏转作用下，流体向右偏转。这使得我们可以在压力图中确定任何位置的地转流方向。想象一下，流体"想要"从高压流向低压（穿过等压线运动），但是由于科氏偏转指向了预期方向的右侧，这就是 (u_g, v_g) 的实际方向。请注意，实际上穿等压线的流动确实会发生，这是由于我们在推导地转平衡的过程中忽略了一些项（惯性加速度项，摩擦力项）。这些项驱动的流速称为非地转流（ageostrophic velocity），如果 Ro、Ro_t、Ek 的确远小于 1 的话，非地转流的大小相比于地转流而言可以忽略不计。

　　显然，式（7.25）意味着地转流 (u_g, v_g) 不随深度 z 变化。根据不可压缩方程，不难发现 $\partial w/\partial z = 0$，垂直流速 w 也不随深度变化。在平坦的海底，如果我们不考虑埃克曼层，则可以认为 $w = 0$。$\partial w/\partial z = w = 0$ 意味着垂直流速 w 处处为零，流场只有水平流速，且不随深度改变，运动变成了二维的。

　　在 $Ro \ll 1$ 的情况下，水平流速不随深度改变这一现象被称为泰勒-普劳德曼（Taylor-Proudman）定理。在这种状态下，流场在系统旋转轴方向上具有了一定的刚化，即所有物理量沿该方向不变，并且流场在这个方向形成柱状结构，称之为泰勒柱（Taylor column）。英国物理学家杰弗里·泰勒爵士（Sir Geoffrey Ingram Taylor）通过室内实验第一次观测到了这样的柱状结构。无论是在海洋中还是在一个旋转的水缸里，泰勒柱的方向总是和系统自转轴平行，它是流场趋于二维化的标志。一个有趣的例子是水体流过一个底部的障碍物(图 7.10)。水底障碍物是一个扁平的圆柱，任何深度的水体运动都不能越过这一障碍物，而是不得不绕过它。障碍物上方的水柱将保持静止，无法穿过，犹如隐形的刚体一样一直延伸到水面。这一水柱即是泰勒柱。

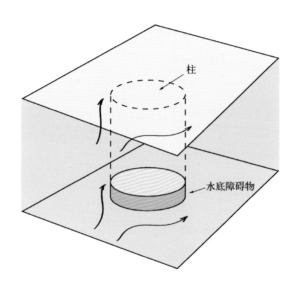

图 7.10　地转流绕过一个水底障碍物，其上部水柱形成了一个泰勒柱(Taylor column)，
周围水体只能绕流而无法穿过

现在我们考虑如何通过真实的海面起伏获得地转流。图 7.11 展示了一个一维的海面高度起伏，所谓起伏是相对于长期平均的海面高度(虚线)而言的。我们可以通过静力平衡表达式(6.11)得到对应的海面($z=0$)的压力起伏：

$$p = \rho g \eta \tag{7.26}$$

η 为海面相对于长期平均的起伏，其决定了压力起伏的大小，因此海面高度起伏也就正比于压力起伏。将上式带入式(7.25)，便可以将地转流写成海面高度梯度的形式：

$$u_g = -\frac{g}{f}\frac{\partial \eta}{\partial y}$$
$$v_g = \frac{g}{f}\frac{\partial \eta}{\partial x} \tag{7.27}$$

这一形式使得我们可以仅通过海面起伏来得到地转流，十分有用。因为卫星高度计可以直接测量海面高度起伏。

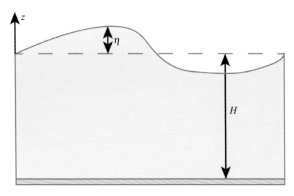

图 7.11　海面高度起伏 η

示例 11

图 7.12 展示了纽芬兰（Newfoundland）北部拉布拉多海（Labrador Sea）的海面高度。拉布拉多寒流（the Labrador Current）是一股绕着拉布拉多海的海盆逆时针旋转的强流，其可以从海面高度的强烈变化中看出来（颜色从近岸的红黄色迅速向深海变成蓝紫色，颜色变化最快的区域对应了流速最强的位置）。图中白线沿南北方向贯穿拉布拉多寒流，因此通过观测白线上的海面高度我们可以估算出洋流的地转流速度。

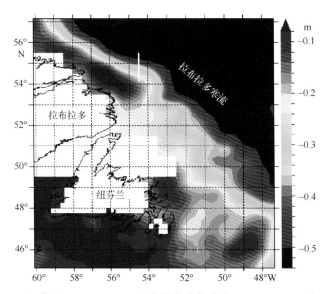

图 7.12　纽芬兰（Newfoundland）北部的拉布拉多海（Labrador Sea）海面高度
白色直线沿南北方向穿过拉布拉多寒流（the Labrador Current）。

白线在南北方向大约跨了 1 个纬度，其距离为 110 km；海面高度从北面的 -0.5 m 迅速升高到南侧的 -0.22 m。那么，沿着白线的海面高度的坡度大致为

$$\frac{\partial \eta}{\partial y} \approx \frac{\Delta \eta}{\Delta y} = \frac{-0.5 - (-0.22)}{1.1 \times 10^{5}} = -2.5 \times 10^{-6} \tag{7.28}$$

将这一坡度带入式(7.27)得到东向的地转流速$u_g \approx 0.2$ m/s，高压(较高的海面高度)位于流向的右侧(南侧)，低压(较低的海面高度)位于左侧。这里我们用了白线所在的纬度55°N对应科氏参数$f = 1.19 \times 10^{-4}$ rad/s。

示例 12

在气象学中，低压系统被称为气旋(旋转方向与地球自转方向一致称为气旋，反之则称为反气旋)。气旋中心的气压要比平均大气压低得多。尽管气旋的产生原因很多，但最强的气旋是在热带温暖的洋面上产生的。在那里，大气像热机一样被从海面上升的暖湿空气驱动。这些强气旋被称为飓风(在大西洋)或台风(如果发生于太平洋)。飓风产生后，会向西北方向传播，直到遇到大陆。在移动的过程中，它们会被大气急流裹挟着向东偏移。台风登陆或者遇到冷的洋面之后能量迅速衰减，减弱之后的飓风被称为温带气旋。

飓风"Igor"是袭击纽芬兰最具破坏性的风暴之一。尽管在登陆时被削弱，但仍属于飓风级别。它带来的强风和降水造成了严重的洪灾，大片的道路被冲走，使得许多小镇因此与世隔绝。图7.13显示2010年9月21日飓风"Igor"的风眼位于纽芬

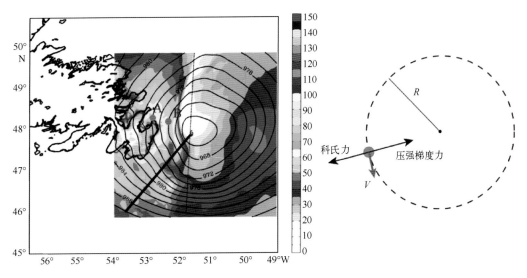

图 7.13　2010 年 9 月 21 日飓风"Igor"的海面气压(等值线，单位为 hPa)和

风速(背景颜色，单位为 kn，1 kn = 1 mile/h = 0.51 cm/s)

兰阿瓦朗半岛以东。该图是数值模型的预报结果，该模型同化了观测数据。现在，让我们通过压力分布图估算地转风速。图中 A 点和 B 点之间的压差 $\Delta p = 970 - 974 = -4$ hPa $= -400$ Pa，两点之间的距离约为半个纬度或 55 km，我们可以通过式（7.25）计算 AB 连线中点的地转风速。代入这些数字，得出 $v_g = -52$ m/s $= -100$ kn（kn 表示节，1 kn 为 1 mile/h，1 mile 大约是 1.852 km），负号表示向南速度。这里我们使用空气密度 $\rho = 1.26$ kg/m^3 和科氏参数 $f = 1.1 \times 10^{-4}$ rad/s。

数值模型在该区域给出的风速为 55～60 kn $= 28～31$ m/s，这样看我们计算的地转风速似乎过高。这是因为飓风风速很强，以致地转平衡需要的条件并不满足。在7.1 节我们要求小罗斯贝数，$Ro \ll 1$。如果这一点不能满足，而是 Ro 约为 1，则必须考虑运动方程中的非线性项。这通常要求数值求解非线性微分方程。幸运的是，在飓风中，我们可以利用风场的圆形对称结构将非线性问题简化，变成为简单的圆周运动问题。最终，我们根本不需要解微分方程，而只需要解代数方程。

设想有一个气体微团，其速度为 v，围绕着半径 R 的飓风中心（风眼）以气旋式方向（在北半球为逆时针方向）绕圈（图 7.13）。该微团受到指向风眼的压强梯度力的作用，同时也受到离心方向的科氏力。气团由于做圆周运动还受到向心力作用，其表达式为

$$v^2/R = | \nabla p | / \rho - fv \tag{7.29}$$

该方程称为旋衡风方程（cyclostrophic equation），它是关于流速的二次代数方程。可以很容易地解出：

$$v = \sqrt{\frac{(fR)^2}{4} + \frac{R}{\rho} | \nabla p |} - fR/2 \tag{7.30}$$

我们取飓风半径 $R \approx 140$ km，得到风速 $v = 22$ m/s。这个速度相比于地转平衡的结果更加真实。地转流速和真实流速之差称之为非地转流。真实流速也叫全流，它是考虑了运动方程中全部作用力（所有项都保留）之后得到的流速。在这个例子中，非地转流抑制了地转流，使 V 小于地转流速。

7.5　内部环流：Sverdrup 平衡

海洋内区的地转流是如何产生的呢？海洋内区位于上下埃克曼层之间，虽然摩擦对其影响很弱，但是却受到埃克曼抽吸造成的垂直流速的影响。这里我们用到涡度 ζ，其表示水平流速的旋度（Curl）：

$$\zeta = \partial v / \partial x - \partial u / \partial y \tag{7.31}$$

这个物理量第一次出现在式(7.23)中。它表示流体微团自转速度的快慢,可以证明其量值是自转角速度的 2 倍。将动量方程式(6.10)的 y 向分量对 x 微分,然后减去其 x 向分量对于 y 的微分,得到海洋内区地转流的涡度方程:

$$\frac{\mathrm{d}\zeta_g}{\mathrm{d}t} - f\left(\frac{\partial u_g}{\partial x} + \frac{\partial v_g}{\partial y}\right) = 0 \qquad (7.32)$$

注意式(6.10)右侧的压强梯度力项在交叉微分再相减后便相互抵消了。式(7.32)中的括号项代表地转流的水平散度。通过质量连续方程式(6.13),可以把它写成垂直速度 w 的形式:

$$\frac{\mathrm{d}\zeta_g}{\mathrm{d}t} - f\frac{\partial w}{\partial z} = 0 \qquad (7.33)$$

类似的代换在第 6 章例 7 中已经使用过了。根据泰勒-普劳德曼定理,地转流 (u_g, v_g) 不随深度变化。将式(7.33)在内区垂向积分,从底埃克曼层顶积分到表埃克曼层底。假设海洋内区厚度为 H,则该积分给出

$$H\frac{\mathrm{d}\zeta_g}{\mathrm{d}t} - f(w_{\mathrm{Ek}}^{\mathrm{top}} - w_{\mathrm{Ek}}^{\mathrm{bottom}}) = 0 \qquad (7.34)$$

这个式子告诉我们海洋内区的涡度变化取决于上下埃克曼层产生的抽吸速度。底埃克曼层的抽吸速度正比于内区涡度 ζ_g [见式(7.23)]。如果不考虑表埃克曼层(即 $w_{\mathrm{Ek}}^{\mathrm{top}}=0$),式(7.34)中剩余项的平衡意味着底埃克曼层对内区涡度起到摩擦衰减的作用。我们考虑一个自上而下贯穿了海洋内区的泰勒柱,并让这个泰勒柱具有一定的涡度(图7.7),即让它旋转起来,就像一个柱状的涡旋。这时候,其底部的埃克曼抽吸会产生一个与其本身相反的涡度,导致其本身涡度随时间衰减。式(7.34)的数学解表明内区这一衰减是以 $\exp(-t/T_{\mathrm{Ek}})$ 的形式进行的,其中 $T_{\mathrm{Ek}} = \sqrt{2}H/fh$ 是衰减的时间尺度,H 是整个海洋的深度,h 代表底埃克曼层的厚度。

内区涡度产生的机制是通过涡管拉伸(vortex streching)。当水体源源不断地从泰勒柱底部被抽走时,可以认为泰勒柱在垂向上受到了一定的拉伸,使其变细,同时也加快了其转速。就像一个原地旋转的花样滑冰运动员将伸展的手臂缩回时其转速增大,两者的原理都是角动量守恒。反之,如果水体通过底埃克曼层的抽吸进入泰勒柱,这将一定程度地挤压泰勒柱,使其转速减慢。

对于海洋内区的定常环流,其涡度不随时间变化,这就要求泰勒柱不受拉伸或压缩作用,此时底部的埃克曼抽吸速度必须等于表埃克曼层的抽吸速度,$w_{\mathrm{Ek}}^{\mathrm{top}} = w_{\mathrm{Ek}}^{\mathrm{bottom}}$,从底部抽入泰勒柱的水体从顶部被抽出。将式(7.22)与式(7.23)给出的垂直抽吸速度联立,我们发现内区地转流的涡度可以写成:

$$\zeta_g = \frac{\sqrt{2}}{\rho f h}\left(\frac{\partial \tau_y}{\partial x} - \frac{\partial \tau_x}{\partial y}\right) \tag{7.35}$$

利用式(7.31)的涡度表达式，则地转流的两个分量可以写成：

$$u_g = \frac{\sqrt{2}}{\rho f h}\tau_x$$

$$v_g = \frac{\sqrt{2}}{\rho f h}\tau_y \tag{7.36}$$

这些方程式表明内部的地转速度是由表面的风应力与埃克曼层中的摩擦力平衡决定的，其流向与风向是一致。因此，尽管埃克曼层中流场具有复杂的螺旋结构，但海洋内部的地转流场和风场却是一致的。

式(7.36)给出了海洋内部的风生环流和风的关系。事实证明当风生环流的尺度与地球半径相当时(L约为R_E)，即达到行星尺度时，这一结果并不适用。这是因为海洋是分层的，是由不同密度的海水层构成的。

简单起见，我们先考虑两层的情况。两层近似在具有温度跃层的海域是合理的。所谓温度跃层是指海水温度(密度)迅速变化的一个薄层(可以近似认为是一个界面)，其上部的水体密度较轻，为ρ_1，其下部的密度$\rho_2 > \rho_1$。上层厚度是$H \approx 1$ km，相比于埃克曼层厚度是比较深厚的。

温跃层将上层和下层分离开，因此上层免受海底地形的直接作用。对于上层水体中的泰勒柱而言，风应力驱动的表埃克曼层抽吸不再能够被底埃克曼层的抽吸平衡(后者无法被感受到)。这就使得式(7.34)中的括号项不为零，上层泰勒柱的涡度会随时间变化。然而事实表明，海洋上层的长期平均运动仍可以认为是不随时间变化的，准定常的。那么，上层水柱需要如何运动才能满足准定常这一观测事实呢？事实上的确存在这样的可能，这就需要借助地球的球面效应。表埃克曼层的抽吸不一定非要(在垂向上)挤压上层泰勒柱，上层泰勒柱可以通过向赤道运移使得自身厚度增厚。这里需要注意一点，泰勒–普劳德曼定理要求泰勒柱的方向平行于系统自转轴；对于海洋、大气而言，泰勒柱的方向需要和地转自转轴一致。图7.14展现了行星尺度的球面两层海洋模型，其中上层泰勒柱(绿色柱子)与地球自转轴平行。当泰勒柱南北运移时，其厚度d随纬度φ变化：$d \approx H/\sin\varphi$，这里H代表上层厚度。上层泰勒柱可以通过南北移动，在不改变涡度的条件下，允许表埃克曼层抽吸的发生。当水体被埃克曼抽吸泵入泰勒柱时，泰勒柱就向赤道运动；反之，则向极运动。埃克曼抽吸使得海洋内区的水体(泰勒柱)产生了南北运移。

新的质量平衡可以写成：

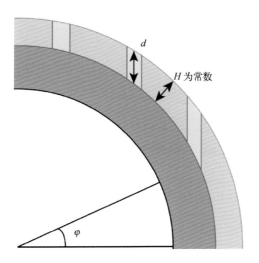

图 7.14　球面 2 层海洋模型中的泰勒柱，其中上层厚度 H 为常数

$$H\beta v_g = fw_{Ek}^{top} \tag{7.37}$$

其左侧一项来自涡度方程，代表水柱以速度 v_g 向北运移。上式可以由涡度方程导出，在此过程中我们必须考虑科氏参数 $f = 2\Omega \sin\varphi$ 随纬度 φ（即沿南北方向 $y = R_E \sin\varphi$）的变化，在海洋学中称为 β 效应，这里

$$\beta = \frac{df}{dy} = \frac{2\Omega}{R_E}\cos\varphi \tag{7.38}$$

式(7.37)是由挪威海洋、大气学家 Harald Ulrik Sverdrup 在 1947 年推导得出的，因此被称为 Sverdrup 平衡(Sverdrup balance)。观测证明，Sverdrup 平衡很好地解释了上层海洋风生环流。我们将在第 8 章中对其作介绍。

海洋被各大洲所包围，因此有必要研究封闭海盆中的环流是如何发展的。为了简单起见，我们研究图 7.15 右图所示的风应力

$$\tau_x = -\cos(\pi y), \ \tau_y = 0 \tag{7.39}$$

作用在一个矩形海盆上所产生的大洋环流。我们将 Sverdrup 方程式(7.37)中的速度用海面高度 η 的表达式代替，这将十分方便。将式(7.27)代替 v_g，用式(7.22)替换 w_{Ek}^{top} 并代入式(7.37)，得到：

$$\frac{\partial \eta}{\partial x} = \frac{f}{H\beta\rho g}\left(\frac{\partial \tau_y}{\partial x} - \frac{\partial \tau_x}{\partial y}\right) \tag{7.40}$$

根据式(7.39)给定的纬向风，式(7.40)右侧的风应力旋度可以写成：

$$-\frac{\partial \tau_x}{\partial y} = -\pi\sin(\pi y) \tag{7.41}$$

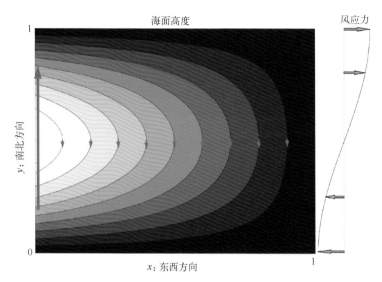

图 7.15　封闭海盆内的 Sverdrup 环流

　　将式(7.40)沿着 x 方向(向东)积分并利用东边界($x=1$)条件 $\eta=0$，我们不难得到其解(图 7.15 左图)。海面高度 η 在西边界附近形成一座隆起的小山，在其他三个边界附近则消失。请注意，我们也可以让 η 在西边界附近消失，但是这样的环流和风向是相反的，违背了物理规律，不是我们需要的物理解。因此我们选取东边界 $\eta=0$ 对应的解，其流场方向与风向一致。注意，速度方向(小箭头指向)处处与 η 的等值线相切。但是，这里出现了一个问题：环流在西边界不封闭，出现穿过西侧固壁的流速，显然这是不可能的。

　　要使得环流闭合，在西边界需要引入一个北向的流动(图 7.15 中的大箭头)。Sverdrup 模型未考虑这一边界急流，因为它需要在方程中加入其他的力。事实证明，在西边界海域，侧向摩擦是很重要的，不能忽略。其产生的这一边界急流称为西边界流(western boundary current，WBC)。海洋中最著名的西边界流有大西洋湾流(Gulf Stream)和太平洋的黑潮(Kuroshio)。深海中也存在西边界流。西边界流是非常强大的急流，因为它们需要在狭窄流域内将整个海盆环流输运的水体带走。在自西向东横跨西边界流的方向上，海表高度起伏迅速升高。在示例 11 中，卫星高度计测量了海面高度坡度，我们用这一坡度估算了北大西洋的西边界流之一拉布拉多寒流的地转流速。

　　图 7.16 展示了在实验室中激发的西边界流，其作为一个类似 Sverdrup 环流的边界流将整个环流封闭了起来。当水缸以 Ω_{lab} 的速度旋转时，在离心力的作用下水面会不断变形，最终形成一个稳定的抛物面。水深是离转轴的距离 r 的二次函数：

$$H(r) = H_0 + \frac{\Omega_{\text{lab}}^2}{2g} r^2 \qquad\qquad (7.42)$$

式中，H_0 为水缸中心的水深。我们将一个钢板沿着径向方向插入水中，用于模拟西边界(图 7.16 中黑色条状物)。在这个实验中，我们首先放置了一定深度的咸水，水面形成稳定的抛物面后，再在图中白圈位置从表层缓缓地注入淡水。注入的淡水漂浮在咸水的表面，并且在旋转(科氏力)的作用下聚集形成一个(反气旋式)淡水涡旋。根据 Sverdrup 平衡理论，如果表层流体(由于埃克曼抽吸)灌入泰勒柱，则泰勒柱必须向南(向赤道方向/能够允许其厚度增大的方向)运移。图 7.16 中的黑色空心箭头指明了涡旋运移的方向。与此同时，这个涡旋也驱动海盆尺度的环流。该环流实际上就是由于涡旋激发的罗斯贝波形成的所谓的 β-plume。其结构和图 7.15 给出的流场是类似的，只不过实验中还有涡旋和罗斯贝波的干扰。西边界流紧贴着黑色边界，指向转台中心(北极)。实验中我们用光学高度计系统观测水面的起伏，这种观测可以类比于卫星高度计测高。关于它的介绍请见附录 B。

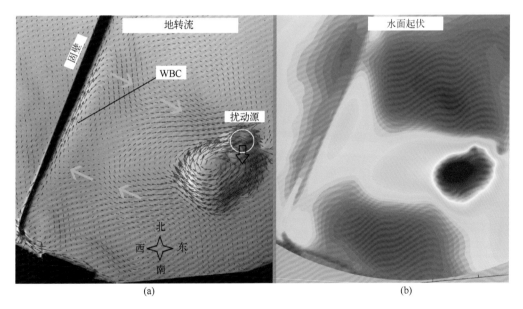

图 7.16　实验室激发的一个 Sverdrup 环流

(a)地转流矢量场(蓝色箭头)；(b)海面高度起伏 η

流场是通过一个位于白圈处的淡水源(Source)激发。Sverdrup 输运的方向如黑色空心箭头所示。涡旋驱动的海盆尺度涡流还包含了两条纬向急流(绿色箭头)，它们和西边界流(western boundary current，WBC)一起构成了 Sverdrup 环流的边界。

第 8 章　世界大洋环流

在这一章，我们将讨论大尺度海洋环流和海水的垂直结构。由于海面风应力是大洋环流的主要驱动力，因此有必要先讨论大气环流的形态。

8.1　大气运动：全球风场

地球表面被太阳加热，赤道比两极接收更多的辐射能量。因为在热带区域，太阳光线几乎垂直于地面照射下来，而在靠近两极的高纬度区域，入射光以较大的角度倾斜入射。因此，正如我们所知，热带是温暖的而两极是寒冷的。但是，如果我们用 4.1 节中的温室辐射平衡模型来计算热带和两极的温度，我们将发现热带将比现在的温度高得多，而两极则将更冷。由于大气环流将热带的热量输送到了两极，导致真实的南北温度差异没有这么极端，当然海洋环流也贡献了一定的经向(沿着经线方向)热量输运。

赤道暖空气从下方被加热后上升，形成低压区域。在极区，空气冷却后下降，产生高压(图 8.1)。如果地球不自转，来自两极的冷空气将沿着地表流向赤道，然后被加热上升达到大气顶层，并在高空向两极流动，进而使得经向环流闭合。但是，地球自转在一定程度上限制了经向运动，从而导致南北温差的驱动下的大气环流形成两个封闭的环流，而不再是一个，即哈德莱环流(Hadley cell)和极地环流(图 8.2)。哈德莱环流是以英国律师、气象学家 George Hadley 的名字命名的，他第一个解释了信风的原理。哈德莱环流从赤道向两极延伸到南/北纬大约 30° 附近。极地环流则从两极向赤道延伸到南/北纬大约 60° 附近。在这环流之间还存在着另一个封闭的环流，称为费雷尔环流(Ferrel cell)。费雷尔环流并不是由南北温差驱动的，而是由其他两个环流的运动驱动的。哈德莱环流和极地环流可以类比成热机，它们的一侧被加热而另一侧被冷却，热驱动了气流做机械功。另一方面，费雷尔环流则需要前两者的机械能来驱动。

大气环流中的经向运动受到科氏力的偏转作用，从而形成沿着纬圈的纬向风。从西向东吹的风称为西风，自东向西吹的风称为东风。地表风系统包括：东风带(也称为信风带)，其属于热带哈德莱环流并略偏向赤道一侧；属于中纬度费雷尔环流的西风带；属于极地环流的极地东风带。图 8.3 显示了由卫星散射计测量的海面风场。

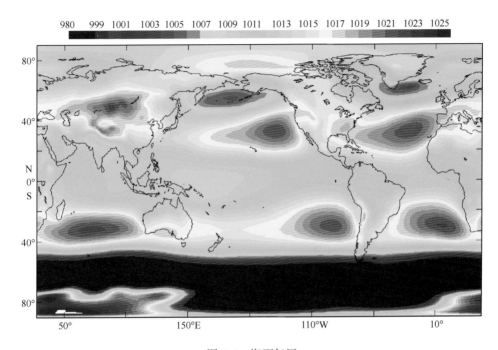

图 8.1　海面气压

横纵坐标分别为经度和纬度。

数据来源：美国国家环境预报中心（National Centers for Environmental Prediction，NCEP）再分析数据

　　强烈的西风位于大气环流的上层，因而不受地面摩擦的影响。这些气流被称为急流。其中一条急流出现在极地环流和费雷尔环流之间的锋面上。不同气团的交界面称为锋面，这些气团由环流包裹起来。另一条急流出现在哈德莱环流的外侧锋面。急流很容易发生所谓的斜压不稳定，即发生曲折，然后破碎形成具有低压核心和高压核心的气旋和反气旋涡旋。这些涡旋是天气变化的主要因素。它们使大气环流紊乱且混沌，从而使得长期天气预报变得困难。

　　压力（图 8.1）和风（图 8.3）的空间分布表明：大陆的存在极大地影响了大气环流。在完全被海洋覆盖的行星上，压力和风应力的空间分布将展现出完美的纬向条带状结构。大陆的存在破坏了这种纬向均匀性，使环流产生了不对称。特别是在喜马拉雅山或格陵兰冰盖处，剧烈的地形起伏干扰了纬向气流。风的纬向不均匀性会对海洋环流产生影响。比如赤道太平洋东西两侧之间的气压差会一定程度地导致厄尔尼诺现象。

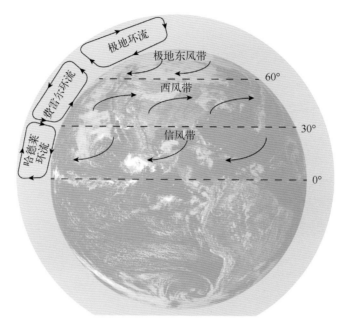

图 8.2　大尺度大气环流

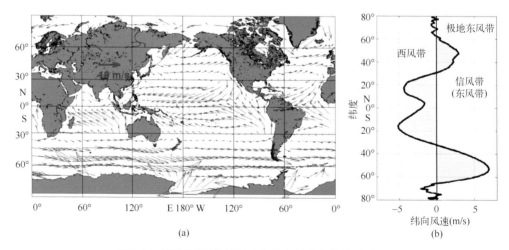

(a)

图 8.3　年平均海面风场（a）和纬向平均的纬向风速（b）

自赤道向两极的纬向风带包括：信风带（trade winds），西风带（westerlies）以及极地东风带（polar easterlies）。

数据来源：https：//www.ncdc.noaa.gov/dataaccess/marineocean-data/blended-global/blended-sea-winds

8.2　上层海洋环流

现在读者已经了解了全球大尺度风场的结构，并且在 7.5 节熟悉了 Sverdrup 理论。下面我们可以一探海洋环流产生的原因。图 8.4（a）展示了 MITgcm（Massachusetts

Institute of Technology general circulation model)大洋环流模型计算的全球海面流场。这个数值模拟结果包含了一些卫星遥感资料，其输出数据ECCO2(Estimating the Circulation and Climate of the Ocean, Phase II)可以从网上下载。图中颜色表示海面温度。图 8.4(b)放大了西北太平洋区域。由于太平洋在东西方向上很宽，因此可以忽略东西边界对该处流场的影响，可以方便将该区域的模拟结果与之前的理论模型比较。

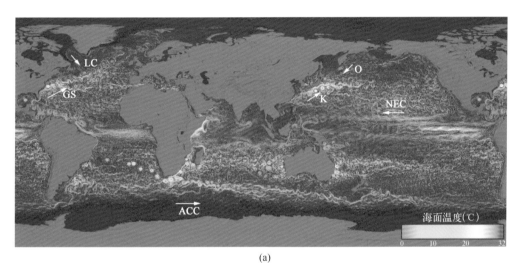

(a)

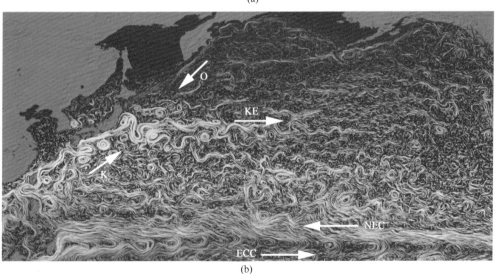

(b)

图 8.4　全球海洋环流(a)和西北太平洋环流(b)

线条方向代表流向，背景颜色表示海面温度。

图片来源：美国宇航局(National Aeronautics and Space Administration, NASA)的

Goddard Space Flight Center Scientific Visualization Studio

图 8.4 中的主要海流标记如下：

LC：拉布拉多寒流（the Labrador Current）；

GS：湾流（the Gulf Stream）；

ACC：南极绕极流（the Antarctic Circumpolar Current）；

O：亲潮（the Oyashio）；

K：黑潮（the Kuroshio）；

NEC：北赤道流（the Northern Equatorial Current）；

SEC：南赤道流（the Southern Equatorial Current）；

其中沿着大洋西边界的海流包括：LC、GS、K 和 O 称之为西边界流。

利用风场我们可以计算出海面的风应力 τ。图 8.5（a）显示了以 N/m² 为单位的纬向（东西向）风应力大小。经向（南北向）风应力的空间分布这里没有展示。我们可以分别通过式（7.20）和式（7.22）计算埃克曼输运 V 和抽吸速度 w_E。图 8.5（b）显示了风应力旋度。风应力旋度第一次出现在式（7.22）的右侧括号中，如果将其除以密度和科氏参数，则可以得出 w_E。这种关系适用于除了赤道以外的所有其他区域，因为赤道上的科氏参数 $f=0$。图 8.5 展示了风应力旋度（以及 w_E）的分布，正的旋度对应了上升流，负值对应了下降流。上升流和下降流区域以 $w_E=0$ 对应的等值线为分割。这一等值线也可以用于定义大洋环流的边界。在 $w_E<0$（下降流）的亚热带环流中，根据 Sverdrup 理论，环流结构应该像图 7.15 所示的那样，形成一个反气旋式的环流，并且被西边界流封闭起来。北半球亚热带环流的西边界流在大西洋是湾流，在太平洋是黑潮。

在亚极地环流中，气旋式环流的中心是上升流，$w_E>0$。与亚热带环流类似，亚极地环流也是通过其西边界流形成闭合环流。在北大西洋是拉布拉多寒流，在北太平洋是亲潮。

对风场和海流观测发现：北太平洋环流和北大西洋环流并不是一个单独的大型涡流，而是在南北方向呈现出双涡流结构，如图 8.6 所示。南极绕极流（the Antarctic Circumpolar Current，ACC）是海洋中唯一在东西方向不受大陆制约的环流。它是由南大洋（the Southern Ocean）西风带驱动的一股绕着南极大陆自西向东运动的强大海流。虽然其表层流速只有大约 10 cm/s，但是其流幅很宽且深厚，这使得 ACC 的流量远高于任何一条西边界流。ACC 连接了太平洋、大西洋和印度洋，对各个洋盆的水体交换起到重要的作用。

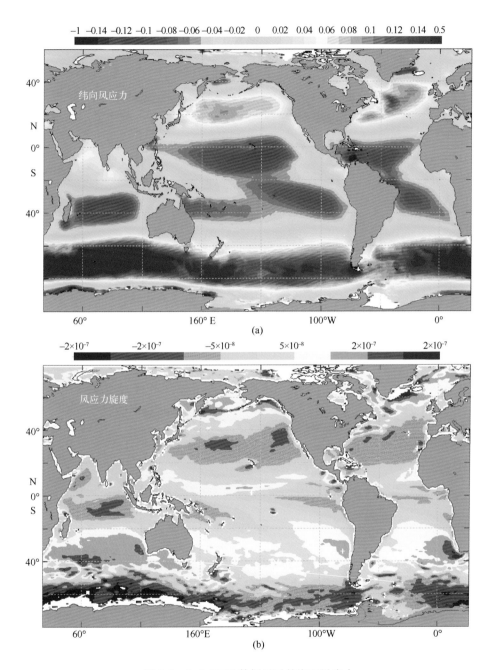

图 8.5　QuikSCAT 数据展示的海面风应力

(a)纬向成分；(b)风应力旋度

数据来源：http：//apdrc. soest. hawaii. edu/dods/public data/satellite product/QSCAT

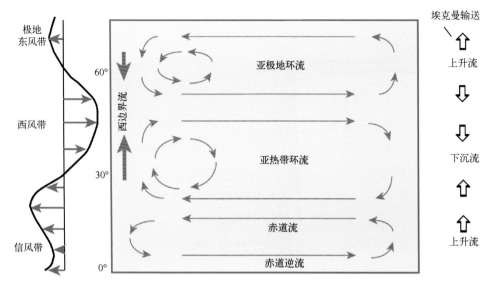

图 8.6　风生环流示意

8.3　海洋的垂直结构

　　本节将介绍海洋的垂直结构。我们特别关心风生环流能够到达多深以及深海如何运动。让我们从温度和盐度的观测开始。图8.7显示了沿某条经线(其位置如右下角小图所示)的温度和盐度断面。该断面从南极洲向北穿越大西洋一直延伸到格陵兰附近。断面温度显示：存在一团由 $T=6℃$ 等温线包裹的暖水，并漂浮在较冷的深层水之上。密集的等温线意味冷暖水之间的温度变化较快，温度梯度较大。温度梯度大的区域，也就是温度随深度变化最快的区域，我们称为温跃层(thermalcline)。同时，压力梯度的大小取决于相邻等温线之间的温度差除以它们之间的距离。

　　$T=6℃$ 等温线包裹的暖水被限定在了 45°N 和 60°N 之间。在南北纬30°附近，上层暖水展现出下压的现象。这一现象也可以从断面盐度中体现出来：高盐深层水在这两个位置被往下挤压了一下。

　　温度和盐度等值线显示上层水体出现下压的位置正好发生在南北半球亚热带环流处。亚热带环流中负的埃克曼抽吸速度(向下)可以解释这一现象。下降流将上层海水的属性带入下层，导致温度和盐度等值线向下挤压。热带海域水温高，因为海水从阳光中吸收了更多的热量(请参见图3.5的SST)。由于热带海域蒸发剧烈，除了赤道以外的热带海面盐度都是比较高的(参见图3.6的SSS)。由于赤道附近降雨频繁，降水(淡水)使当地的盐度达到局地的极小值。

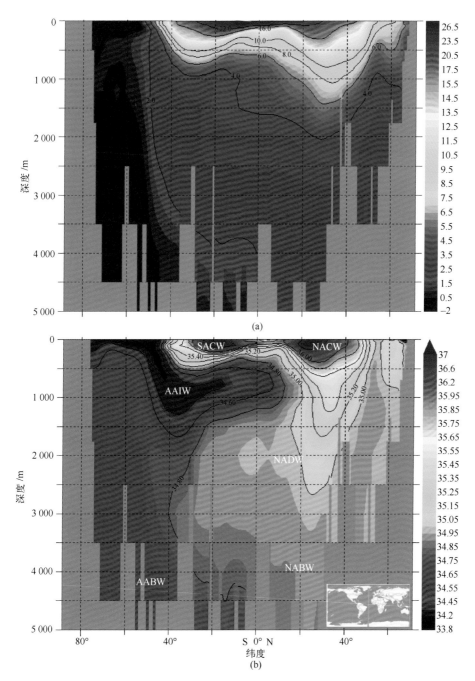

图 8.7　大西洋 29.5°W 经向断面温度（a）和盐度（b）

横纵坐标分别为纬度和深度。

数据来源：NOAA 下属的太平洋海洋环境实验室

（Pacific Marine Environmental Laboratory，PMEL）的 Levitus 气候态数据

图 8.8 显示了式(2.3)定义的 δ 形式的密度，其分布类似于温度分布。和预期一样，较轻的水位于顶部。请注意，热带海域的表层水盐度较大，但是由于温度也很高，而根据密度方程式(2.4)，温度对密度的贡献大于盐度，最终导致热带表层密度较低。实际上，温度的变化范围 $\Delta T \approx 25℃$，而盐度变化范围 $\Delta S \approx 3$，因此 $|\alpha \Delta T_j| > |\beta \Delta S|$。由此可见，密度分布主要由温度决定。海洋学家把密度随深度变化最快的区域称为密跃层(pycnocline)。

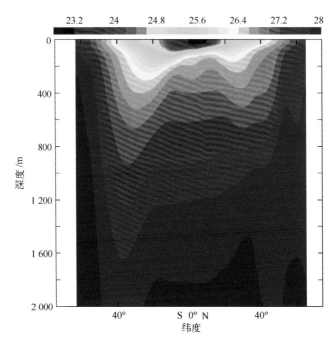

图 8.8　Argo 浮标观测的大西洋 29.5°W 经向断面密度异常($\delta = \rho - 1\,000\ \text{kg/m}^3$)

横纵坐标分别为纬度和深度。

Argo 数据来源：http://apdrc.soest.hawaii.edu/dods

在亚热带环流中，海面高度起伏为正。卫星高度计观测到的亚热带环流表现为一座隆起的小山[图 3.4(a)]。小山的高度为 $\eta_m \approx 0.6\ \text{m}$，将这一高度除以环流宽度的一半便可大致估计出海面的坡度。根据式(7.27)，再将该坡度乘以 g/f 可得到地转流的大小。密跃层在垂向上限制了上层风生环流的贯穿深度。与小山状隆起的海面相反，密跃层的形状像一个凹陷的碗；其坡度与海面坡度符号相反。也就是说密跃层对下层地转流的驱动作用与海面坡度相反。密跃层坡度由其最大凹陷距离 h_m 和环流半宽度之比给出。但在计算由密跃层起伏引起的地转流时，我们乘以的是 g'/f，其中 $g' = g\Delta\rho/\rho$ 是式(6.6)定义的约化重力。为了简单起见，我们可以将海洋近似成两层流体(图 8.9)，可将密跃层想象成两层流体之间的界面。取两层流体的密度差

$\Delta\rho \approx 2 \text{ kg/m}^3$，得到约化重力 $g' \approx 2\times10^{-3}\, g$，它是重力加速度 g 的 2×10^{-3}。如果密跃层的坡度等于海面坡度除以 2×10^{-3}（相比于海面起伏，密跃层起伏将十分剧烈），则密跃层起伏对其下层流体的驱动力将与海面起伏产生的作用力相抵消。此时，密跃层的最大凹陷为 $h_m = \dfrac{\eta_m}{2\times10^{-3}} \approx 300 \text{ m}$。该值接近于实际观测值。由于密跃层起伏与海面起伏相反，在很大程度上，其能够抵消海面起伏驱动的深层地转流，但是并不能完全消除。风生环流所能达到的深度也就是密跃层以上大约 1 km 厚的上层。但是在南大洋，由于没有温跃层，风驱动的南极绕极流能够一直贯穿到海底。

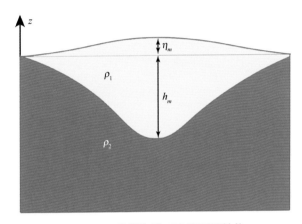

图 8.9　亚热带海洋环流的两层结构

图 8.10 展示了亚热带太平洋中的 Argo 浮标测得的典型温度廓线。我们可以看到温跃层大概位于 500 m 附近，温跃层以下温度随深度的变化很弱。另一个观察事实是，在靠近海面的上 100 m，温度十分均匀，我们称之为混合层。混合层是由波浪和其他湍流过程对海水搅拌、混合后产生的。水温和其他参数在混合层几乎是均匀的。混合层在气候问题中是非常重要的（第 4 章），因为其厚度决定了一个季节循环内海洋可以存储多少热量。通常，混合层的深度在 50～200 m 之间。但是，正如我们将在下面看到的，在某些特定位置，混合层的深度可以超过 1 km。

图 8.8 展现的密度断面有一个有趣特征：等密线在中纬度和极地露头（即接触到大气）。由于水团可以沿着固定的等密线自由运动，而无须克服重力做功。露头的等密线意味着水团可以沿着等密线从海表沉入深层，这个过程称之为潜沉（subduction）。当温跃层附近的等温线在某处露头时，海洋学家将这样的温跃层称为通风温跃层（ventilated thermocline），以强调暴露于大气下的表层海水可以沿等密面将其性质带入深海。

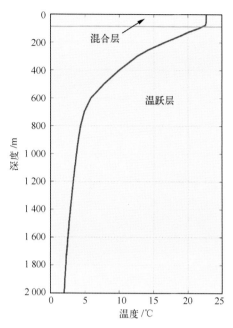

图 8.10　亚热带太平洋中的 Argo 浮标观测到的温度廓线

Argo 数据来源：http：//apdrc. soest. hawaii. edu/dods

　　盐度可以用作追踪海洋水团运动的示踪剂。如第 2 节所述，水团按照其独特的温度、盐度特性进行划分，并在 T-S 图中用线表示。图 8.7 的盐度图中标记了一些大西洋水团，包括：

- 南大西洋中央水团(South Atlantic Central Water，SACW)；
- 北大西洋中央水团(North Atlantic Central Water，NACW)；
- 南极中层水团(Antarctic Intermediate Water，AAIW)；
- 南极底层水团(Antarctic Bottom Water，AABW)；
- 北大西洋深层水团(North Atlantic Deep Water，NADW)；
- 北大西洋底层水团(North Atlantic Bottom Water，NABW)。

不同温度、盐度、密度的水团形成了海洋的层化结构。

　　在海洋学中，北大西洋底层水(NABW)是非常出名的。这种低温高盐的底层水体仅仅能在极少数的海域产生，包括南极的威德尔海(the Weddle Sea)和北大西洋的拉布拉多海(the Labrador Sea)以及格陵兰海(the Greenland Sea)(图 8.11)。在这些高纬度海域，表层水一直潜沉到海底形成北大西洋底层水。同时，这些海域都位于大西洋，而在其他大洋中则不会产生北大西洋底层水。

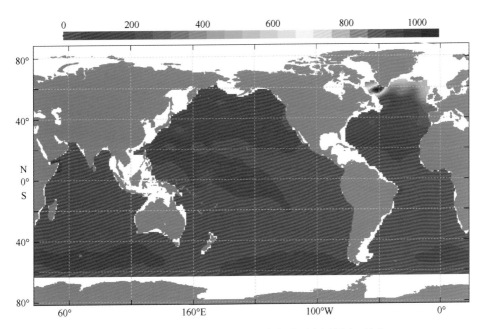

图 8.11　Argo 观测的 2005 年 2 月的全球大洋混合层厚度(单位: m)

横纵坐标分别为经度和纬度。

Argo 数据来源: http: //apdrc. soest. hawaii. edu/dods

在这些海域，表层水能够贯穿到海底的原因是表层和底部水密度差异很小以及极地大气对表层水体的强烈冷却作用。较小的垂向密度差意味着水柱重力不稳定(大密度水体位于小密度水体之上)。水团做大尺度的垂直运动并不需要克服重力做功。冷风吹过这些海域，将表层水冷却至冰点附近。当表层海水结冰时，海水中的盐分会被排到周围环境中，造成表层水盐度增加。冷盐水的密度要比其下方水体密度更大，导致水柱重力不稳定(密度大的水体位于密度小的水体之上)，冷盐水团开始下沉，形成垂向对流。对流可以大大增厚混合层。图 8.11 显示了 Argo 浮标在 2 月份测量的混合层深度。拉布拉多海的混合层厚度能超过 1.5 km。从混合层下沉的水体与深层水进一步混合后形成拉布拉多海水团(NABW 的一种)，然后在深海扩散到其他海域。南极的威德尔海的冬季混合层也是很深厚的，深对流产生了南极底层水(AABW)。

随之而来的问题是：跃层之下的深海如何运动？深层大约有 4 km 厚，密度随深度几乎不变，且不受大气强迫的影响。Stommel 提出了一种理论，他假设，潜沉产生的深层水必须通过混合或者上升流等机制再次回到海面。他通过 Sverdrup 理论(第 7.5 节)发现深层水柱必须朝向两极运移，这与亚热带环流中的上层水柱的运移方向相反。在那里，埃克曼抽吸造成的辐聚下沉把水柱推向赤道。类似上层，Stommel 预测深层也存在西边界流，其使得深层环流闭合。深层西边界流携带了深层海盆环流的再循环水体以及局地水体。海洋观测已经证实了深层西边界流的广泛存在。Henry Melson Stommel 是美国海洋学家，他对物理海洋学做出了很多贡献，包括提出了深海环流理论。

最近的研究表明，整个海洋混合并不均匀。潮汐引起湍流混合在大洋中脊和海山附近较强。西边界流的上层不稳定过程引起湍流混合也是很强的。这些强混合区域通过一系列的纬向急流与西边界流连接在一起，这与在实验室中观察到的流场（图 7.16）是类似的。

深海环流十分缓慢，并难以测量。但是通过温度、盐度以及其他化学物质浓度数据，海洋学家可以推演得到其大致流场结构。深海大洋环流的调整时间尺度可以根据示踪剂观测来估算。氯氟烃（chlorofluorocarbons，CFCs）就是一种很好的示踪剂。这些化合物一直用于制冷。由于它们可以破坏大气臭氧层，因此在 20 世纪 80 年代就停止了生产。CFCs 易溶于水，可以进入深海环流。含有 CFCs 的表层水在深对流发生的位置从海面直灌海底。通过测量深层海水中的 CFCs 浓度，海洋学家可以推断出深层环流的速度大约为 1 mm/s。由这个速度我们可以推断出水体微团从拉布拉多海经过深海环流输运到南极洲附近大概需要数百年时间。

示例 13

海洋和大气中的斜压不稳定是产生涡旋的主要机制。在大气中，这些涡旋主导了天气系统；大量的卫星遥感图像捕获了大量的海洋涡旋。图 8.12 定性地刻画了斜压不稳定的基本原理。不同密度层之间的界面往往是倾斜的。造成这种倾斜的原因是在垂直纸面的方向上存在地转流，这些地转流对应的科氏力需要与界面起伏产生的压强梯度力相平衡。在垂直方向上具有变化的地转流称为"热成风"。这个词来自气象学，也在海洋学中使用。然而，图 8.12 展现的这种界面起伏却是不稳定的。如果发生扰动，系统的能量（有效重量势能）将被释放，并转换成动能，从而使得这一扰动不断成长。假设上层暖水柱由于扰动向右侧位移了一小段距离，其必然要受到挤压，因为原先这个位置的上层水柱较薄，自然地它就要将密度界面往下压。与此同时，下层冷水柱则被上层新来的水柱挤向左侧。在上下层水柱的协同运动下，倾斜的界面趋向于被拉平。在此过程中，一部分冷水跑到了暖水之下，而一部分暖水也跑到了冷水之上，系统的重心降低了，因而变得更加稳定，即系统的一部分势能转化成了扰动的动能并且激发了涡旋。

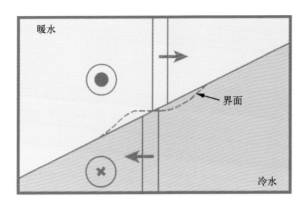

图 8.12　斜压不稳定示意图

倾斜的密度界面将上层较轻的暖水与下层较重的冷水分开。两层中的地转流分别是垂直纸面朝外和朝内的。
不稳定发生时，上、下层水柱的水平运动如橙色箭头所示，分别向右和向左运移，试图拉平倾斜的界面。

　　斜压不稳定很容易通过实验室实验模拟。其中一种常见的方法是在一个旋转的
水缸中心放置一个金属筒，其中装满冰水混合物（其温度可以维持在 0℃ 很长一段时
间）用于模拟寒冷的北极。金属筒的侧壁不断冷却周围的水体，冷却后的水体则沿
着侧壁下沉，造成水缸中的表面流流向金属筒侧壁，并辐聚下沉。与此同时，底层
水在金属筒的周围堆积并开始向周围辐散开。这样的流场结构和极地环流类似。径
向（经向）流动受到科氏力的偏转作用，辐聚的表层流场表现出逆时针环流，底层环
流则是顺时针的。这样的实验设置称之为圆环实验（annular experiment）。

　　有时候我们会用相反的设置。在水缸底部中心设置一个加热垫，通过底部加热
驱动局地上升流（图 8.13）。这样我们就不需要在水缸中放置额外的金属筒，流场也
不会受到金属筒的阻碍。唯一的区别是整个流场的方向和之前相反。中心区域热水
不断上升并在表面辐散开来，造成了反气旋式（顺时针）的表面环流和气旋式（逆时
针）的底层环流。无论是中心加热还是冷却，旋转水缸中径（经）向温度差异驱动的
环流总是倾向于斜压不稳定。图 8.14 流场中清晰可见斜压不稳定激发了很多涡旋。
在这个实验中我们使用光学高度计系统观测流速（见附录 B）。

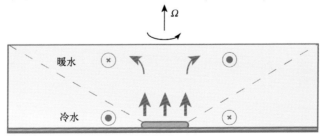

图 8.13　旋转水缸实验中底部加热驱动的环流结构

虚线表示冷暖水之间的界面。

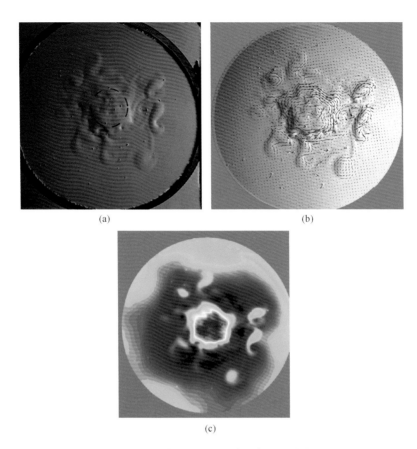

(a)　　　　　　　　　　　　　　　(b)

(c)

图 8.14　旋转水台实验中的斜压不稳定

（a）高度计系统观测的水面图片；（b）地转流；（c）水面高度起伏（η）

虚线圆是加热垫的位置。水面高度起伏最大值 $\eta \approx 0.06$ cm 位于图（c）中央的红色区域。

第9章 海洋中的波动

这一章我们来了解海洋中的各种不同类型和尺度的波动。特别是重力波，即以重力为恢复力的波。虽然我们很难给出波的严格定义，但直观上我们知道什么是波。波是一种周期性运动，它描述的是流体微团在水中的周期性震荡，不同于其移动速度，因此区别于海流。波的物理参数包括(图9.1)：

- 波的振幅 A；
- 波高 $h_w = 2A$，即波峰到波谷的垂向距离；
- 波长 λ，即相邻两个波峰/波谷之间的水平距离；
- 波的周期 T，相邻两个波峰/波谷相继经过同一个位置的时间差。

其他的一些特征量可以写成以上物理量的函数。比如波数，$k = 2\pi/\lambda$，它表示 2π 距离上波的个数；频率 $\omega = 2\pi/T$ 表示 2π 时间内微团震荡的次数；波的相速度：

$$c = \lambda/T = \omega/k \tag{9.1}$$

它表示波的相位(即形状或者某个波峰/波谷)传播的速度。

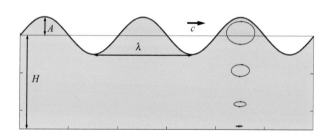

图9.1 波动的特征物理参数

振幅 A，波速 c，波长 λ。椭圆轨迹是不同深度微团运动轨迹。

9.1 表面重力波

如果水面受到干扰，水面的某个流体微团向上或向下移动了一小段距离，重力将试图将其拉回原来的位置，这将激发垂直振荡。同时，水平的压力梯度力也将引起水平运动。因此运动方程式必须包括局部加速度、压强梯度力和重力：

$$\frac{\partial u}{\partial t} = -\frac{1}{\rho}\frac{\partial p}{\partial x}$$

$$\frac{\partial w}{\partial t} = \frac{1}{\rho}\frac{\partial p}{\partial z} - g \qquad (9.2)$$

现在我们暂时不考虑科氏力、摩擦力和非线性平流的作用，虽然这些力在一些具体问题中不能全部忽略。我们试图找到某种沿 x 方向传播的正弦波动 $\sin(kx-\omega t)$ 来满足式(9.2)。如果将这个猜想的波带入式(9.2)，不难发现只有波数和频率满足以下关系

$$\omega = \sqrt{gk\tanh(kH)} \qquad (9.3)$$

的正弦波才是式(9.2)的解。H 是水深；tanh 是双曲正切函数。式(9.3)被称为频散关系(dispersion relation)。

式(9.2)的解具体表达式可以从很多教科书上找到，这里不再具体给出。解得的流速随深度迅速衰减，在一个波长的深度之下流速变得很小。波动中的水体微团的运动轨迹是一个圆/椭圆(图9.1)，其半径随着微团所处深度的增加而减小。海底处的微团的垂向运动受到挤压，其几乎只能做水平往复运动。值得注意的是，如果我们不再使用高度理想化的线性波动模型，而考虑海底摩擦对运动的耗散，那么流体微团的运动轨迹则不能构成封闭的圆/椭圆。这意味着微团经历一个周期以后不能回到初始位置，这就造成了净位移。实际上微团会沿着波动传播的方向移动一段距离，这一现象称之为斯托克斯漂流(Stokes drift)。

图9.2(a)展示了频率 ω 与 kH 的关系。我们先讨论两种极端情形。第一种情况

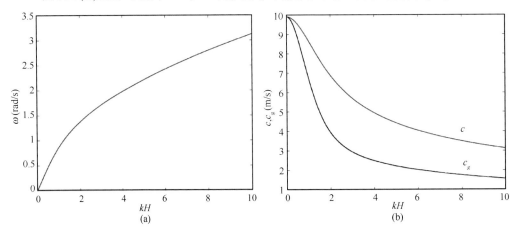

图9.2　表面重力波频散关系

(a)频率 ω；(b)相速度；(c)群速度 c_g

横坐标 kH 代表波数 k 乘以水深 H(常数)，为无量纲波数。

是 $H \ll \lambda$，水深远远小于波长，即 $kH \ll 1$。这样的波动被称为浅水重力波。对于浅水波，我们有 $\tanh(kH) \approx kH$，那么频散关系可以简化成

$$\omega = k\sqrt{gH} \tag{9.4}$$

波的相速度变成

$$c = \omega/k = \sqrt{gH} \tag{9.5}$$

在水深不变的情况下，浅水重力波的相速度是常数，并和波数无关。这意味着不同波长的波传播速度一样。这样的波动叫作非频散（non-dispersive）波。

第二种极端情形是水深远大于波长，$H \gg \lambda$，即 $kH \gg 1$。在这种情况下，波感受不到海底，被称为深水重力波。H 在方程中消失，$\tanh(kH) \approx 1$，频散关系变成

$$\omega = \sqrt{gk} \tag{9.6}$$

相速度变成

$$c = \sqrt{g/k} = \sqrt{\lambda g/2\pi} = g/\omega = Tg/2\pi \tag{9.7}$$

不同波长的深水重力波传播速度不同，这一类波动我们称之为频散（dispersive）波。

海洋波浪是由风产生的。当一个温柔且有力的风吹过光滑海面时，空气中湍流引起的压力扰动会在水面留下的尾迹，形成一些波长介于几毫米到几厘米之间的小波。这些波受表面张力影响，称为毛细重力波（capillary-gravity wave）。毛细重力波进一步与风相互作用，成长为表面重力波。表面重力波的波高和波长都随风速增长。其中，波高还取决于风吹过海域的长度，称为风区（fetch）。如果你观察小湖或池塘中的波浪，不难发现即使在强风的情况下波高也不会很高。而海浪则会不断成长，直至达到当地风区和风速所能允许的最大波高。这种饱和状态的波浪被称为充分发展的海浪。风暴中的波浪是不连续的且是混乱无规律的，它们显然不再是平滑的正弦波。

海浪的其他物理量还包括有效波高 H_s（significant wave height）和有效波周期 T_s（significant wave period）。有效波高定义为最高的 1/3 波的平均高度。即如果我们连续测量 30 个波高，则取前 10 个最高的值并取平均值就得到了有效波高。假设 H_s 和 T_s 均取决于风速 U_w，风区为 L_f 和重力为 g，通过尺度分析（dimensional analysis）的 Π 定理，我们得到：

$$H_s = \frac{U_w^2}{g} F_H\left(\frac{gL_f}{U_w^2}\right)$$

$$\tag{9.8}$$

$$T_s = \frac{U_w}{g} F_T\left(\frac{gL_f}{U_w^2}\right)$$

式中，F_H 和 F_T 是无量纲参数 gL_f/U_w^2 的未知函数，其形式是由半经验的方法给出的。所谓半经验方法就是用实测、实验数据结合理论分析拟合出表达式。这样，我们就可以在给定风区和风速的前提下对 H_s 和 T_s 进行预报。图 9.3 展示了我们用以下半经验公式[9]得到的预报图：

$$H_s = 1.6 \times 10^3 \frac{U_w^2}{g} \left(\frac{gL_f}{U_w^2}\right)^{1/2}$$

$$T_s = 2.9 \times 10^{-1} \frac{U_w}{g} \left(\frac{gL_f}{U_w^2}\right)^{1/3}$$

$$(9.9)$$

图 9.3 是由 Sverdrup 和 Munk 两位物理海洋学家在第二次世界大战期间为美国海军绘制的，并由 Bretschneider 于 1952 年改进，因此被称之为 Sverdrup-Munk-Bretschneider 图。需要注意的是如果风区 L_f 非常大，那么 L_f 对波浪就不再构成任何限制，此时波高和周期完全取决于风作用的时间。在这种情况下，我们也可以获得类似于式(9.9)的半经验公式。

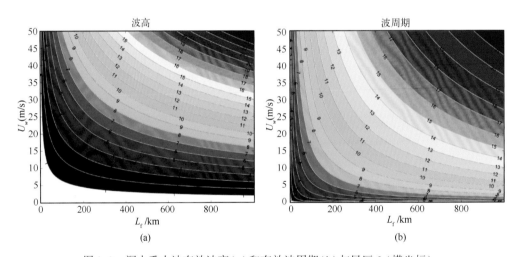

图 9.3　深水重力波有效波高(a)和有效波周期(b)与风区 L_f（横坐标）、

风速 U_w（纵坐标）的半经验函数

有效波高以 m 为单位；有效波周期以 s 为单位。

风暴在风区内激发的波动会传出风区，并继续传播很长一段距离而不被衰减。由远端的天气系统产生并传播的波动称为涌浪(swell waves)。夏威夷瓦湖岛(Oahu)的北岸是著名的涌浪观测地点。太平洋的海浪到达近岸时，浅水使得波高增高，导致波浪破碎，形成了所谓的卷碎波(plunging breakers，波浪破碎类型的一种，见图 9.7)。因此这里也吸引了很多专业冲浪者，每年都有重大比赛在此举行。

深水重力波是频散的，长波传播快，因此先抵达海岸。通过在海滩上的观测并结合频散关系，我们可以判断出波的源地（见示例 15）。在计算中我们必须要考虑到深水波是以波包的形式传播的，而不再是以一个个独立的波的形式传播。实际中一般几乎观测不到单一频率的波（单一频率的波在物理上称为单色波），而是观测到一组相近频率（波数）波叠加后形成的波包。图 9.4 展现了 10 个正弦波动叠加后形成的波包，这 10 个波振幅相同，但波数不同（波数差异在 20% 以内）；它们叠加后形成了清晰的波包。波包传播的速度（即群速度）和每个单独波的波速不同。群速度定义为频率对波数的导数：

$$c_g = \mathrm{d}\omega/\mathrm{d}k \tag{9.10}$$

非频散的浅水波具有相同的群速度和相速度，但是深水波的群速度是相速度的一半：

$$\text{浅水波：} c_g = c$$
$$\text{深水波：} c_g = c/2 \tag{9.11}$$

图 9.2（b）展示了式（9.3）频散关系的群速度和相速度。

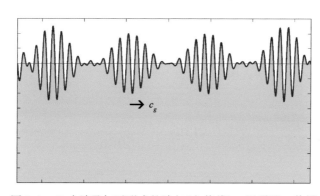

图 9.4　10 个波叠加后形成的波包（包络线），以群速 c_g 传播

示例 14

想象一下，在纽芬兰的 St. Mary's 的悬崖顶上（或者在夏威夷北岸），观察从东南方传来的涌浪。200 s 内我们观察到了 10 个波峰。8 h 后，这时传来的涌浪变小了，并且可以在 10 s 内观察到 10 个波峰。假设这两组波浪是在远方的同一个风暴中产生的，那么如何知道风暴发生的时间和地点呢？

为了回答这个问题，我们需要利用深水波公式式（9.7）和式（9.11）计算群速度 $c_g = Tg/4\pi$。针对观测到的前后两组波包，通过估算波周期得到两个群速度，分别是 $c_g^{(1)}$ 和 $c_g^{(2)}$。第一列波包的波周期为 $T_1 = 200/10 = 20$ s，第二列波包的波周期为 $T_2 = $

12.5 s。这两列波包的群速度分别为 $c_g^{(1)} = 15.6$ m/s 和 $c_g^{(2)} = 9.75$ m/s。这些波包传播的距离，即从风暴位置到观测点的距离为

$$d = c_g(t - t_0) \tag{9.12}$$

t 表示观测时刻；t_0 表示风暴发生的时刻。设观测到第一列波包的时刻为 0 时刻，那么两列波包传播距离应该是一样的，都是 d，则有

$$d = c_g^{(1)}(0 - t_0)$$
$$d = c_g^{(2)}(t - t_0) \tag{9.13}$$

通过联立求解这两个式子不难发现 $t_0 = -21.3$ h，$d = 1\,200$ km。即在第一次观测前 21 h，在距离观测点东南方 1 200 km 处发生了风暴。

9.2　近岸波

当深水波进入近岸浅海时，受到水深影响转变为浅水波。在此过程中波振幅、波长和速度都会改变，但频率(周期)不变。在深水中，它们作为一个整体传播，我们追踪的是波包的包络线而不是单个波，但是在浅水中，各个波的波速不再取决于波长，这使得我们可以追踪各个波。

式(9.5)表明，浅水波速取决于水深。因此，当海浪接近海岸时，波速会变慢。波振幅增加是因为浅水使得能量更加集中。相反，波长则减小。当波浪接近不规则的海岸线时，可以发生有趣的折射现象。水深向海岸逐渐变浅的趋势可以改变波浪的方向，使得波峰线(波峰的连线)与等深线大致平行(图 9.5 和图 9.6)。当然，同一波峰线上深水区域的波速比浅水区域的波速快，导致波峰线在遇到岬角(凸入海中的狭长高地，Headland)时出现弯曲，这使得波峰线与海滩大致平行；同时，波浪能也集中作用在海岬上(图 9.5)。

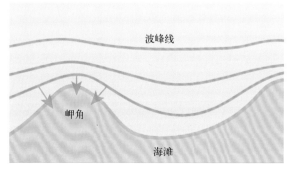

图 9.5　在近岸波的折射现象

　　当海浪进一步靠近海滩时，波形会逐渐变陡，并最终破碎。我们可以再次通过式(9.5)来理解波浪是如何变陡的。波峰处的水深总是略微大于波谷处的水深。因此，波峰的波速比波谷略快，波峰略微超前波谷，造成波峰的前缘变陡。这一现象是非线性波的一种表现，非线性波的波速取决于其振幅。由于我们之前一直假设振幅相比于水深是很小的，因此忽略了非线性作用。当波形陡峭到一定程度时，波将变得不稳定并破碎，进而产生湍流(图9.7)。

图 9.6　夏威夷火奴鲁鲁岛的戴蒙德角(Diamond Head)附近海域波浪破碎

波浪能量集中于遍布礁石的浅水水域。

图 9.7　夏威夷瓦胡岛(Oahu)北岸的波浪破碎

　　波浪破碎后将其动量传递给水流并将水推向海岸。冲浪区内积聚的水体必须通过某些离岸流流回大海。近岸的波峰线永远不会与海岸线完全平行，因为海浪一般都以一定角度入射，并且可以驱动沿海岸方向的海流(图9.8)。冲浪区的这些沿岸流是不稳定的，经常以规则的间隔与海岸分离，并且可以形成狭窄的离岸急流，称其为裂流(rip current)。对于没有经验的游泳者而言，裂流十分危险。

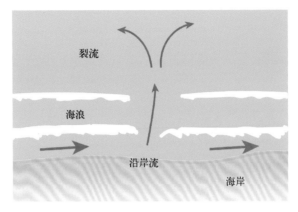

图 9.8　近岸冲浪区域的裂流

9.3　海啸

海啸是海底地震或水下滑坡产生的大型波浪。在极少数情况下，它们也可能是由其他现象比如陨石撞击引起。地震通常发生在大洋板块俯冲到大陆板块之下形成的俯冲带(往往形成深海沟)附近。板块之间的相对运动是以黏滞和滑移的方式进行的。海底地震产生板块滑移时，海床可能会发生垂直位移(图 9.9)。即使这个位移幅度只有几十厘米，海床之上的整个海水柱(包括海面)也会随之发生垂直位移。海面扰动以重力波的形式向四周传播，就像在池塘里扔了一块石头激发的水波一样。海面的初始位移决定了波的振幅。尽管扰动的垂直振幅很小，但其波长却很大，通常有几百千米。如果你正在船上，根本不会注意到海啸的发生。

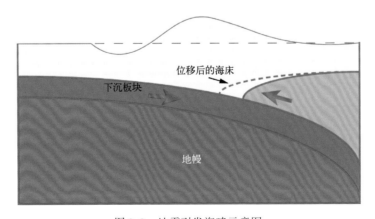

图 9.9　地震引发海啸示意图

海啸的波长远大于水深。即使对于整个海洋深度，其相比于海啸波长而言仍可忽略不计。因此，海啸产生的表面波总是能够直接作用于海底的。我们可以用浅水波方程式(9.4)和式(9.5)计算其特征参数。取海洋标准深度 $H = 4$ km，我们得到波速为 $c \approx 200$ m/s $= 720$ km/h。这个速度和喷气式飞机的巡航速度差不多。因此，如果日本近海发生海啸，其能够在几个小时横穿太平洋达到南美洲的西岸。

尽管海啸在深海中不明显，但当它们到达海岸时会变得十分危险。随着水深变浅，波速变慢，振幅则会剧烈增加。波的能量与振幅的平方成正比。如果将此能量乘以波速($c = \sqrt{gH}$)，我们就获得了单位时间波传输的能量，称之为能量通量。如果忽略耗散，则能量通量是一个守恒的常数。因此，当海啸到达近岸时，其能量通量保持不变：

$$A^2 \sqrt{h} = A_0^2 \sqrt{H} \qquad (9.14)$$

式中，A 和 A_0 分别代表浅水和深水中海啸的振幅；h 和 H 代表相应的水深。带入上式得到：

$$A = A_0 \, (H/h)^{1/4} \qquad (9.15)$$

如果取深水波振幅和水深分别为 $A_0 = 0.5$ m 和 $H = 4$ km，当其进入 $h = 10$ m 的浅海后，其振幅变成了 $A \approx 4.5$ m，显著上升。海啸波的前缘一般是湍动的且形状陡峭，高水位紧随其后，这种阶梯状的波形被称为水跃(bore)。水跃波向近岸传播会导致洪水泛滥。一个有趣的现象是，有时是波谷先到达。大量海水退却使得大面积海底礁石暴露了出来。如果看到这种情况，应尽快逃跑，因为波峰紧随其后。

示例 15

在此示例中，我们考虑 1929 年袭击纽芬兰比林(Burin)半岛的著名海啸。11 月 28 日，纽芬兰岛东南方向约 300 km 处的大浅滩(Grand Banks)海台发生海底地震。尽管在加拿大东海岸的其他地方都有明显震感，但地震本身并没有带来太大危险。但是，地震在大陆坡上造成了明显的水下滑坡。滑坡引起了浊流(turbidity current)。浊流类似于雪崩，是一股携带有大量悬浮沉积物的高密度海流。这些水体以约 100 km/h 的高速度顺着大陆坡流向深海，冲毁了跨大西洋电报所需的海底电缆。

除了引发浊流，水下滑坡还引发了海啸。到达了比林半岛的海啸造成大量财产损失和 27 人丧生。实测估算的海啸波高为 5~9 m[10]。同时，海啸也横渡了大西洋，并在葡萄牙被记录到。图 9.10 显示了由计算机模型估算的海啸到达时间。灾难性的海啸在大西洋相对比较罕见。1929 年的这一次海啸无疑是一个不寻常的事件，尤其是其不寻常的产生机制。

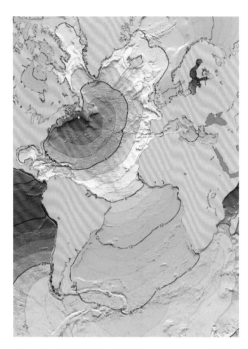

图 9.10　纽芬兰(Newfoundland)外海的大浅滩(Grand Banks)海台处地震激发的海啸在
大西洋的传播时间(等值线，单位：小时)，这是由海底地形数据计算得到的

数据来源：NOAA NCEI

9.4　开尔文(Kelvin)波

　　波长极长且周期极慢的表面重力波(参见第 9.1 节)可以"感受"到地球自转，称为惯性重力波。科氏力对这样的波具有明显的偏转作用。惯性重力波理论可以在其他的一些物理海洋教科书中找到。这里我们只介绍一种叫作开尔文波的惯性重力波，它是以英国数学、物理学家 William Thomson(Kelvin 勋爵)的名字命名的。他为现代物理学做出了很多重要贡献，特别是对绝对温标的发展。开尔文波是在运动方程中加入侧边界条件(例如海岸线)后的一个特解。学习开尔文波有助于读者理解海盆中的潮汐(第 10 章)。天气系统引起的海面高度扰动通常以开尔文波的形式沿着海岸线传播。与不受地球自转影响的常规重力波不同，开尔文波是沿着边界传播的，前者往往垂直于边界传播。赤道开尔文波是一种特别的开尔文波，它能够把赤道作为边界并沿着赤道向东传播。赤道开尔文波在厄尔尼诺现象中起着重要作用。

　　考虑一个沿着 y 方向固壁边界传播的波，如图 9.11 所示。描述该运动的方程包含局地加速度、科氏加速度和由于海面起伏产生的压强梯度力：

$$\frac{\partial u}{\partial t} - fv = -g\frac{\partial \eta}{\partial x}$$

$$\frac{\partial v}{\partial t} + fu = -g\frac{\partial \eta}{\partial y} \tag{9.16}$$

式中，u，v 分别是 x 和 y 方向的流速分量；η 是水面高度起伏。注意右侧的压强梯度力已经由静力平衡公式 $p = \rho g \eta$ 写成了 η 的空间梯度，就像 7.4 节中的那样。鉴于我们有三个未知量：u、v 和 η，但是式（9.16）只有两个方程，因此我们需要第三个方程来使得系统可解（即让未知数的个数等于方程的个数）。第三个方程是质量连续方程式（6.13），这里可以写成

$$\frac{\partial \eta}{\partial t} = -H\left(\frac{\partial u}{\partial x} + \frac{\partial v}{\partial y}\right) \tag{9.17}$$

H 表示海洋深度。式（9.17）称为浅水质量连续方程，其中垂直流速 w 被替换成了海面高度随时间的变化 $\partial \eta / \partial t$。右侧括号中的项我们十分熟悉，是水平流速的散度。最终，式（9.17）的物理意义是：水平方向辐聚运动使得水面隆起升高，反之辐散使其凹陷。

一旦建立了控制方程，我们可以通过一些理想化的假设来简化它。首先，我们假设波传播的方向是沿着 y 方向的（沿着侧边界的方向），并且边界上的法向流速为零（流体不能穿透边界），即 $u = 0$。运动方程式（9.16）和式（9.17）变成

$$fv = g\frac{\partial \eta}{\partial x}$$

$$\frac{\partial v}{\partial t} = -g\frac{\partial \eta}{\partial y} \tag{9.18}$$

$$\frac{\partial \eta}{\partial t} = -H\frac{\partial v}{\partial y}$$

第一个式子描述的是科氏力和压强梯度力在 x（垂直于边界）方向上的平衡，类似于式（7.27）的地转平衡。将第二式左侧和第三式右侧分别对 y 和 t 求导，联立后有

$$\frac{\partial^2 \eta}{\partial t^2} = gH\frac{\partial^2 \eta}{\partial y^2} \tag{9.19}$$

其左右两侧分别是同一个物理量 η 对时间 t 和空间 y 的二阶导数。上式构建出了一个 y 方向的波动方程（wave equation）。波动方程在物理学中十分常见。右侧项的系数开根号显然有

$$c = \sqrt{gH} \tag{9.20}$$

正是式(9.5)给出的浅水波波速。满足式(9.19)的波可以是任意形式的，具体形式是由初始扰动决定的。为了简单起见，我们可以假设 y 方向的波动是一个正弦波。对式(9.18)进一步分析表明波动振幅是沿着边界的法向(x 方向)e 指数衰减的。式(9.18)的通解形式为

$$\eta = \eta_0 \sin (ky - \omega t) \exp (-fx/c) \qquad (9.21)$$

这里波数 k 和频率 w 满足浅水波频散关系式(9.4)。图 9.11 展现了这一形式的一个开尔文波。振幅最大的位置出现在边界上；固壁边界支撑了这一开尔文波，或者说开尔文波倚在了这个边界上。水面起伏产生的压强梯度力在 x 方向与科氏力平衡。

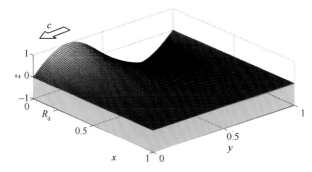

图 9.11　沿 $x=0$ 侧边界(y 方向)传播的开尔文波，c 为其波速

x 轴上标注了变形半径 R_d 的大小。

在 x 方向(离岸方向)，开尔文波的影响范围是由式(9.21)中的指数 c/f 决定的。c/f 表示的是一个距离，我们称之为罗斯贝变形半径(Rossby deformation radius)或简称变形半径(deformation radius)：

$$R_d = c/f = \sqrt{gH}/f \qquad (9.22)$$

变形半径经常在一些扰动调整问题中出现。在深度 $H \approx 100$ m 的陆架海域(例如大浅滩)，变形半径的典型值为 $R_d \approx 250$ km；在深海，$H \approx 4$ km(所研究运动的波长依然远大于这个水深)，$R_d \approx 1\ 600$ km。开尔文波是由潮汐激发的，环绕整个海盆，具有较大的变形半径。潮汐或短期天气系统也会在浅海激发小尺度的开尔文波。

9.5　内波

如果考虑到海水根据密度不同形成层化的海洋，则重力波还会存在于海洋内部。

让我们考虑一个简单的两层海洋模型［图 9.12（a）］，其中上层密度低于下层。假设两层之间的界面受到干扰，使得下层的某个水体微团被提升到上层。那么这个微团就进入了较轻的环境中，其自身重力大于浮力，两者之差为

$$F = mg' = mg\,\frac{\rho_2 - \rho_1}{\rho_2} \tag{9.23}$$

式中，m 是这一微团的质量；g' 为约化重力，由之前的式（6.6）引出。由于 $\rho_2 > \rho_1$，合力方向为正（向下）。这个合力试图将该微团拉回下层流体中，它是微团运动的恢复力。反之如果上层的一个流体微团由于扰动，进入到了下层，则合力使其上浮，试图把它拉回上层。如此，振荡就发生了，并且以界面波动的形式沿着界面传播。的确，我们可以把自由海面想象成海洋与大气这两种密度迥异流体间的界面（空气密度远远小于海水，以致可以忽略）。自由海面和海洋内部界面的唯一区别是：海面的恢复力就是重力，而海洋内部界面上的恢复力是约化重力式（9.23），其远小于重力，这使得界面波动传播速度远小于海面重力波波速。

我们可以通过一个简单的实验展现约化重力，这个实验可以在厨房轻松地实现。取一个装了半杯水的玻璃杯，在水上倒上几个厘米厚度的植物油。油的密度小于水，且不溶于水。因此两种溶液可以轻松分离，并重复利用。现在，从杯子的一侧到另一侧轻轻搅动液体，并从侧面观察两层流体的振荡。我们将看到一个表面波（很可能是一个来回振荡的驻波）和一个界面波。注意，这两者的周期是不同的。图 9.12（b）显示了在实验室条件下进行的一个类似的实验。我们让一个圆柱在长方形容器的一端上下振荡，其产生的波动向另一端传播，直到遇到另一端的侧壁反射回来。圆柱体的振幅不能太大，否则波形可能会破裂，波破碎后将上层和下层液体混合在了一起。所产生的混合物在图 9.12 中显示为绿色。

约化重力的另一个作用是使得海洋中的内波振幅非常大，可以超过 100 m。这样剧烈起伏的界面对潜水员甚至潜艇十分危险，可以使其被快速卷入深海，巨大的压力变化会对潜艇和人体造成伤害。

界面波动方程和表面波方程式（9.2）类似，只不过现在我们有了两层流体，同时重力加速度 g 变成了约化重力 g'。界面波频散关系中考虑了两层流体的层厚 H_1 和 H_2[11]。在一些极端的情况下，比如当界面波长 λ 远远大于或者小于层厚 H_1 或者 H_2 时，这样的界面波动十分有趣。我们先考虑 $\lambda \gg H_1$，这里可以认为上层相比于下层很薄（这里的薄厚是相对于界面波长而言的）。我们把这一极端情况称之为一层半海洋模型，因为我们假设下层是不运动的，其唯一作用是产生约化重力。一层半模型只有两层：混合层和深层，而温跃层可以设想成两层之间的界面（当然，实际情况

是温跃层是有一定厚度的）。在这样的海洋中，界面长波的波速为

$$c = \sqrt{g' H_1} \qquad (9.24)$$

和表面重力波波速式(9.5)十分相似。

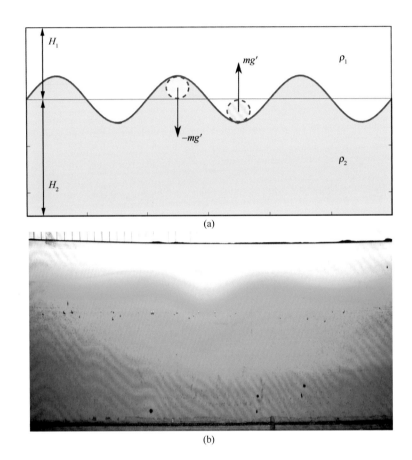

(a)

(b)

图 9.12　两层流体之间的界面波

(a)界面波动及其恢复力的示意图；(b)实验室长条形水缸中观察到的界面波，
上层和下层分别用黄色和蓝色染色，绿色来自两者的混合

　　更复杂的内波发生在多层海洋或者密度随深度连续变化的海洋中。为了定量描述密度随深度的变化，我们引入浮力频率：

$$N = \sqrt{-\frac{g}{\rho_0} \frac{\mathrm{d}\rho}{\mathrm{d}z}} \qquad (9.25)$$

式中，ρ_0 是参考密度（可以采用平均密度）、$\rho(z)$ 表示随深度变化的密度。注意在海洋中密度随深度增大，$\mathrm{d}\rho/\mathrm{d}z<0$，$z$ 的正方向朝上。所以根号里负号的作用是让被开根号的数总为正。

　　线性层化，即密度随 z 线性变化，是一种理想假设。但是这一假设在概念上却是很重要的。线性层化使得密度廓线 $\rho(z)$ 的斜率 $\mathrm{d}\rho/\mathrm{d}z$ 为一个常数。因此，浮力频率 N 也自然是一个常数。在一个线性层化的海洋中，我们让一个流体微团在一个平衡位置附近上下运动［图 9.13（a）］。微团密度和周围环境密度之差微团正比于其（相对于初始平衡位置的）垂直位移。那么，微团受到的恢复力自然也就正比于该位移。这和弹簧上悬挂的物块受力是一样的，即胡克定律（Hooke's law）$F=kx$，k 代表弹簧的弹性系数，x 是该物块相对于其平衡位置的位移。扰动使物块偏离其初始平衡位置，并开始上下振荡，频率为 N。

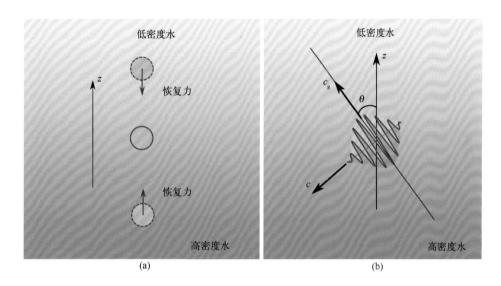

图 9.13　线性层化流体中的振荡和波动

（a）一个水体微团在偏离原始平衡位置后产生的垂直振荡；（b）内波波包的传播，
其中红线标明了波射线，即波包运动的轨迹，也是群速度（能量传播）的方向

　　波动的周期是

$$T = 2\pi/N \tag{9.26}$$

相比于弹簧上的物块，流体微团并不孤立，而是与周围微团不断地相互作用。这样，波动就产生了。线性层化流体中内波的特性非常特别。流体微团的振动频率必须小于或等于浮力频率（$\omega \leqslant N$）。仅有在 $\omega = N$ 的情况下，流体微团才能在垂直方向上振动。微团的振动方向和垂向存在一个 θ 角。内波的频散关系与这个角度有关：

$$\omega = N\cos\theta \tag{9.27}$$

图 9.13（b）展现了一个内波波包。如果一个频率为 ω 的扰动在海洋内部激发了

内波，那么内波波包则是以相对于垂直方向±θ角度分别向上和向下传播的：

$$\theta = \arccos\left(\frac{\omega}{N}\right) \tag{9.28}$$

波包携带着能量也随着波包以群速度c_g沿着角度 θ 向四周传播。令人惊讶的是，内波的相速度（沿图 9.4 中的虚线）和群速度垂直，如图 9.13（b）所示。

海洋内波通常是海流流经起伏的海底地形产生的。潮流产生的内波尤为重要（请参见第 10 章和示例 17）。考虑海流流经一个周期性起伏的海山，如图 9.14 所示。在这个实验中，水底地形是一列正弦波的形式，我们使其以速度 U 向右移动。等效地，其上方水体以同样的速度向左流经这些山丘。本实验中水体密度线性分层。黑色染料染色后呈现出了内波的波动结构。海山上一个微团经过连续的两个山峰的时间间隔为

$$T = \lambda / U \tag{9.29}$$

λ 是水底正弦地形的波长。这个时间也是地形激发内波的周期，其频率为

$$\omega = 2\pi/T = 2\pi U/\lambda = kU \tag{9.30}$$

式中，$k = 2\pi/\lambda$ 是波数。实验观测的内波传播的角度可以和式（9.28）进行比较。

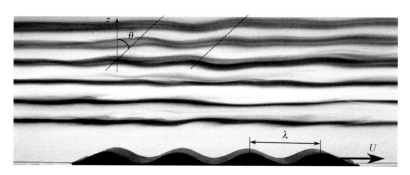

图 9.14　一个运动的水底地形在线性层化流体中激发的内潮（实验展示）

水底地形是一列波长为 λ 的正弦波，被拖曳着以速度 U 向右运动。黑色线显示出了波动结构。

虚线连接了不同深度的波峰构成了等相位线。

图片来源：由 Bruce Sutherland 提供[11]

虽然内波是在海洋内部传播的，其经常能达到海面并且通过遥感观测到。图 9.15 展示了宇航员在国际空间站拍摄到的照片。内波在水面反射呈现出类似油膜（slick）状的条纹，这些条纹是由于内波在海面引起的水平辐聚、辐散产生的。天然表面活性物质聚集在辐聚的条纹上，耗散了表面毛细重力波，使得海面十分光滑，因而反射也较强；粗糙的海面对阳光散射较强（反射较弱），呈现为暗条纹。明暗相间的条纹是内波在海面的典型特征。

内波

特立尼达

图 9.15　特立尼达附近的一列内波(internal wave)

图片来源：NASA Johnson Space Center, Earth Science and Remote Sensing Unit

第 10 章　潮　汐

直观上，潮汐是指水位的周期性上升和下降，是一种常见的自然现象。自古以来人们就知道潮汐与月相有关。对潮汐现象的第一次科学解释是由牛顿在 1687 年所著的 *Principia* 一书中给出的。

10.1　潮汐的驱动力

潮汐是由地球与月球之间引力以及地球与太阳之间的引力引起的。然而，具体的潮汐驱动力可能并不那么符合我们的直觉。为了解释这种引力对潮汐的驱动力，我们先考虑由地球和月球构成的地月系统(图 10.1)。牛顿提出的天体间广泛存在的万有引力

$$F = (G \, m_E \, m_M) / d^2 \tag{10.1}$$

将这两颗行星"绑在了一起"，这里 $G = 6.674 \times 10^{-11} \, \mathrm{m}^3 / (\mathrm{kg} \cdot \mathrm{s}^2)$ 是重力常数；m_E 和 m_M 分别是地球和月球的质量；d 为地心到月心之间的距离。尽管有吸引力，但是月球并不会掉落到地球上。这两者都是围绕地月系统的重心旋转。由于地球质量是月球的 81 倍，系统的重心位于地球的内部。因此，月球被一条看不见的绳子拴在了地球上，引力就是沿着这根绳子的拉力。对于月球而言，这个拉力提供了其绕地球旋转的向心力。考虑该问题的另一个角度是从该系统内部的观察运动，建立离心力和引力(向心力)间的平衡(请参阅第 5 章)。两种方法是等效的，因为系统中所有的力是平衡的。但是，这种平衡仅在地心处严格成立。对于地球表面的海水而言，仅凭这些因素就无法平衡月球引力。

考察地球表面 A、B、C 三个点，如图 10.1 所示。A 点离月心的距离比 B 点近，具体相差两倍的地球半径 R_E。因此作用在 A、B 点的月球引力是不同的，分别为

$$\frac{F_A}{m} = G \frac{m_M}{(d - R_E)^2}, \qquad \frac{F_B}{m} = G \frac{m_M}{(d + R_E)^2} \tag{10.2}$$

这里我们用加速度，即力除以海水微团质量 m。这两个引力显然不同于式(10.1)给出的地心–月心间的引力。如果我们将后者视作旋转系统的惯性离心力，则 A、B 点的月球引力不能和当地的惯性离心力平衡，分别相差

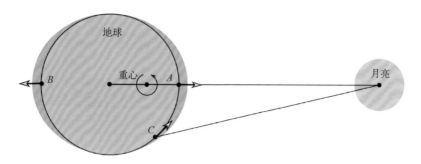

图 10.1　地球(Earth)和月球(Moon)组成的地月系统绕其重心(center of mass，CM)旋转
　　　　　箭头标明了地球表面 A，B，C 三个点的潮汐驱动力的方向。

$$\frac{F_A - F}{m} = G\frac{m_{\mathrm{M}}}{(d - R_{\mathrm{E}})^2} - G\frac{m_{\mathrm{M}}}{d^2}$$

$$\frac{F_B - F}{m} = G\frac{m_{\mathrm{M}}}{(d + R_{\mathrm{E}})^2} - G\frac{m_{\mathrm{M}}}{d^2}$$

$$(10.3)$$

在 A 点为正(月球引力>离心力)，指向月心；在 B 点为负(月球引力<离心力)，指离月心。我们可以很容易地算出 A、B 两点的合力大小约为$10^{-6}\mathrm{m/s}^2$，显然这个合力比重力加速度 g 小得多，其方向是垂直于地面且和重力反向。鉴于其大小相比重力可以忽略，因此其对海平面的垂直拉伸作用微乎其微。那么，又是什么样的力驱动了我们在海边看到潮涨潮落呢？我们姑且将其称之为引潮力。为了找到引潮力的来源，我们不得不考虑那些远离 AB 连线的点，比如 C 点。C 点的海水微团受到的月球引力是指向月心的，而系统的惯性离心力总是沿着 AB 线指离系统重心。因此这两个力的合力不再沿着 AB 线，而是具有一个水平方向(地球表面的切线方向)的分量和垂直方向(垂直于地球表面)的分量。与之前一样，垂向分量相比于重力可以忽略不计，对水位几乎没有影响。但是，水平方向(切向)是没有其他力与之平衡的，海水微团在这个分量的作用下将从 C 点流向 A 点，导致 A 点水位升高，同时 C 点水位降低。在地球的另一侧(背向月光照射的一面)，同样的事情也在发生。和 C 点同纬度的海水微团则会在切向引力的作用下流向 B 点，导致赤道上的 B 点水位升高。最终，我们将看到热带海域的海面不断隆起，极地海域海面不断下凹。假设这时达到了某种平衡，隆起的海面产生的压强梯度力和切向引潮力平衡：

$$g\Delta\eta/\Delta x = |\, F_C - F\,|\, /m \approx 10^{-7}\, g \qquad (10.4)$$

$\Delta\eta$ 是引潮力造成的海面起伏的高度差，赤道海域高，极地海域低；Δx 表示这两者间的距离，是地球周长的 1/4，大致可以取 $\Delta x \approx R_{\mathrm{E}}$。通过式(10.4)我们不难得出

$$\Delta\eta \approx 10^{-7} R_{\mathrm{E}} = 0.6\ \mathrm{m} \qquad (10.5)$$

这是对潮波振幅的一个合理估计。以上这些关于引潮力的理论被称为平衡潮理论（equilibrium theory of tides）。

月球引潮力和压强梯度力在水平方向的平衡使得地表的海水隆起形成一个近似的椭球体，其长轴沿着 AB 中心线，我们称为潮汐椭球。太阳引潮力和月球引潮力的作用机制是类似的，但由于地日之间的距离是地月距离的 400 倍，即使太阳质量是月球的 $2.7×10^7$ 倍，其引潮力相比月球引潮力也是比较小的。通过式（10.3）可知，太阳引潮力约为月球引潮力的 40%。海水受到的净引潮力是太阳和月球引潮力之和，其大小取决于太阳、月球和地球的相对位置。大约每两周三个天体连成一线，这时候我们看到满月或新月（图 10.2）。同时，月球引潮力产生的潮汐椭球和太阳引潮力产生的潮汐椭球叠加在一起（其长轴方向一致），净引潮力达到最大值。这时洋面的起伏最大，称为大潮（spring tides）。当地月连线垂直于地日连线时（1/4 月相，上弦月或者下弦月时）（图 10.2），两者引起的潮汐椭球的长轴正交，因此产生的潮汐振幅很小，称之为小潮或者平潮（neap tide）。

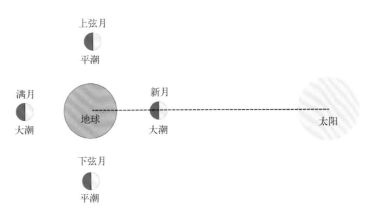

图 10.2　地球、月球和太阳相对位置与潮汐的关系

新月和满月时为大潮；上/下弦月（First/Last quarter）时为平潮。

月球的轨道平面与地球赤道平面成大约 28°倾斜角（图 10.3）。太阳轨道平面称为黄道面，它与赤道的偏角为 23.5°。地球自转一周需要 24 h，我们称为一个地球日。由于月球绕地球公转，其方向与地球自转方向一致，月球引潮力造成的潮汐椭球也在绕地球转动。这使得地球自转速度相对于旋转的潮汐椭球来说并没有那么快。相对于潮汐椭球，地球旋转一周所需时间为 24 h 50 min，称为一个阴历日（lunar day）。阴历日自然要比地球日（earth day）漫长一些。

为了计算一个阴历日的时长，我们首先需要承认这样一个先验事实：月球绕地球公转一圈是 29.53 d。这是一个完整的月相周期，我们称为一个朔望周期（synodic period)。月球公转转速 1/(29.53 d)与地球自转速度 1/(1 d)之差的倒数就是一个阴历日。因此，阴历日代表了地球相对于月球及其引潮力的旋转周期。

低纬度(比如赤道)上的一点在随着地球自转过程中，当其转到面向月球的一侧或者背离月球的一侧时，其上方的海面是隆起的(图 10.3)。该点在每个阴历日经历两次高潮(high tide)和两次低潮(low tide)，且两次高潮的强度相同。这种潮汐称为半日潮(semidiurnal tide)。类似地，对于太阳引潮力，半日潮的周期正好是 12 h。仔细观察图 10.3，可以发现高纬度(靠近极点)海床上的一点每天仅经历一次高潮和一次低潮，这样的潮汐叫作全日潮(diurnal tide)。中纬度海床上的一点在一个阴历日内将经历混合潮(mixed tide)，它是不同振幅的半日潮和全日潮的叠加。仔细观察可以看出混合潮的 2 次高潮潮位不同，分为高高潮(higher high tide)和低高潮(lower high tide)。

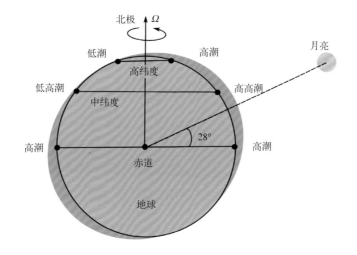

图 10.3　月球引潮力及其潮汐椭球

黑色圆点是分别位于低纬度、中纬度和高纬度海床上的 3 对点。

10.2　分潮和潮汐预报

除了月球和太阳引潮力造成的全日潮和半日潮外，潮汐还有许多其他频率(约 400 个)。这些频率取决于月球和太阳轨道的天文参数。因此，我们可以通过把一些已知频率的谐波(称之为分潮)求和得到净引潮力。表 10.1 给出了一些重要的分潮，下标数字 1 和 2 分别表示全日潮和半日潮。每个分潮都是时间的余弦波：

$$\eta = A\cos(\omega t + p) \tag{10.6}$$

式中，η 表示潮汐造成的相对于长期平均而言的水位扰动；A、ω 和 p 分别表示分潮的振幅、角频率和相位。分潮的角频率 $\omega = 2\pi/T$，其中 T 是分潮的周期，由一些天文学参数确定。

角频率的单位一般是°/h，而不是弧度单位，因此角频率也被称作潮频（speed of tide）；分潮相位 p 刻画的是分潮波滞后于引潮力多少度。通过分析验潮站长时间（一年以上）的潮位数据，我们可以得到当地海域每个分潮的振幅 A 和相位 p。只要我们将所有分潮（余弦波）加起来，就可以得到刻画当地潮位变化的函数，用于预报。通常只需要保留几个最重要的分潮就可以得到一个较好的预报效果。但是，如果需要精确的预报，我们可能需要至少 100 个分潮。在很多海域，月球引潮力和太阳引潮力驱动的半日潮分潮 M_2 和 S_2 是最强的，其周期分别为 12.42 h 和 12 h。基于分潮叠加的预报方法称之为潮汐调和分析。

图 10.4 是基于 6 个主要分潮预报的两个地区的潮位时间序列，分别是加利福尼

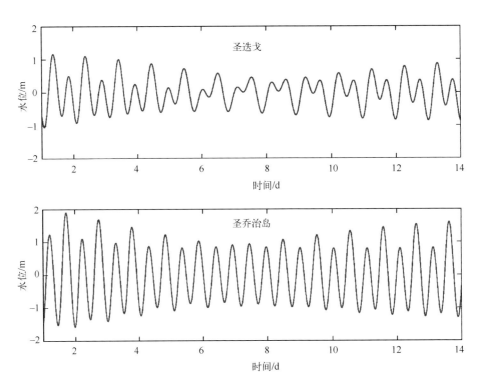

图 10.4　利用表 10.1 中的 6 个主要分潮得到的加利福尼亚州（California）圣迭戈（San Diego）和

百慕大（Bermuda）圣乔治岛（St George's Island）的潮位预报

横坐标为时间，单位为 d；纵坐标为水位，单位为 m。

数据来源：NOAA

亚州(California)的圣迭戈(San Diego)和百慕大(Bermuda)的圣乔治岛(St George's Island)。圣迭戈海域的潮汐是混合潮,其中的半日潮和全日潮振幅不同;百慕大海域是半日潮。有意思的是,这两地都显示出一个 2 周左右周期的慢波包络,这个包络具有相对较低的平潮潮位和较高的大潮潮位。这种现象可以由图 10.2 中三个天体的相对位置解释。包络线是系统中两个振荡叠加后产生的节拍。如果这两个振荡频率接近,比如 M_2 和 S_2,那么叠加以后会产生一个低频节拍,其频率为这两个振荡的频率差。M_2 和 S_2 的频率差为 $1/12 - 1/12.42 = 0.002\ 8/h$,其产生的节拍周期为 $1/0.002\ 8 \approx 15\ d$。当这两个半日潮的高潮叠加时就产生了大潮;当一个半日潮的高潮叠加在另一个半日潮的低潮之上,就产生了平潮。

表 10.1　主要分潮标识、周期和名称

分潮符号	周期	名称
半日分潮:		
M_2	12.42 h	太阴主要半日分潮
S_2	12 h	太阳主要半日分潮
N_2	12.66 h	太阴主要椭率半日分潮
K_2	11.97 h	太阴–太阳赤纬半日分潮
全日分潮:		
K_1	23.93 h	太阴–太阳赤纬全日分潮
O_1	25.82 h	太阴赤纬全日分潮
P_1	24.07 h	太阳赤纬全日分潮
长周期分潮:		
M_f	13.7 d	太阴半月分潮

注:太阴表示由月球引潮力驱动的分潮。

　　用每个分潮的幅度和相位来预测潮位的方法是基于强迫振子的物理概念。当弹簧上的振子(例如一个重物)受到周期性的外力作用时,经过初步调整后,其振动频率和外力频率相同。振幅和相位取决于振子的属性。特别是当外力的频率接近振子的固有频率时,我们就会观察到共振(resonance)现象。共振时的振子振幅是最大的,其大小仅受某些耗散效应(例如摩擦力)的限制。海洋在月球和太阳引潮力的共同作用下起着振子的作用。幸运的是,除了一些较小的海湾外,总体上海洋不发生共振。共振潮的一个显著例子是加拿大的芬迪湾(Bay of Fundy,参见示例 16),其潮振幅非常大。

开尔文勋爵在潮汐分析方面做出了巨大的贡献：他与合作者在 1872 年设计并制造了第一台潮汐预测仪。该仪器具有 10 个相互连接的滑轮，并连接有记录仪，用以求和 10 个分潮。通过旋转机器的曲柄，可以预测给定海域未来一年的潮位。这个机器实际上是世界上第一台机械计算机。直到第二次世界大战之后，能够计算 24 个分潮的更先进的潮汐预报器才被制造出来，不过那时候已经是电子计算机了。

10.3 潮汐动力理论

平衡潮理论提供了对引潮力的准确描述，其与实测数据结合，为潮汐预报提供了一个实用工具。但是，我们仍然需要一个物理模型用以描述引潮力驱动的潮流。该模型必须考虑海洋的真实水深和复杂的海陆边界。拉普拉斯（Laplace）于 1776 年首先提出了这样的一个潮汐动力学模型。他写下了一组线性方程来描述引潮力驱动的球面上的线性浅水波。我们已经熟悉了简单版本的浅水方程和一种沿边界传播的浅水波（9.4 节的开尔文波），它可以很好地代表封闭海盆中的潮波。

为了理解封闭海盆中的潮波，我们做一个简单的实验。在一个茶杯中装上一半水，然后轻轻地摇晃杯子。杯子中的水这时候开始来回晃动，水中的流体微团会来回振荡，其频率等于强迫力的频率。这种晃动在杯子里造成的表面重力波受到了杯壁的限制，形成一种驻波（standing wave），其中心处有一个节点，节点处水位不变化。如果我们在旋转系统中做同样的实验（例如，坐在旋转木马里面）。这些波动将受到科氏力的作用，导致其传播方向不再从杯子的一边传到另一边，而是会发生偏转，并沿杯子内壁逆时针传播（假设系统是逆时针旋转的）。非旋转系统的表面重力波在旋转系统中变为开尔文波。这个旋转的表面重力波也是驻波，其中心（杯子中心）也存在一个节点。图 10.5 展现了一个圆形海盆内的半日潮。海洋学家用旋转潮波系统（amphidromic system）刻画这种旋转的潮波。图 10.5（a）中的径向射线称作等潮时（cotidal）线；其上面的数字表示当地高潮发生的时刻（单位为 h）；同心圆表示等潮差（corange）线，潮差指的是当地高潮和低潮之间的潮位之差。旋转潮波系统的中心潮差为零，称之为无潮点（amphidromic point），本质是驻波的一个节点。图 10.5（b）展示了旋转潮波系统沿其某一直径（等潮时线）切开后的截面，无潮点的一侧是高潮，而另一侧则是低潮。

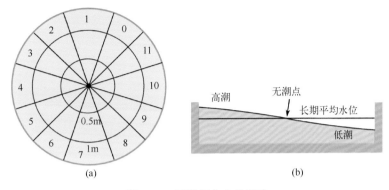

图 10.5 　圆形海盆中的潮波

(a)俯视图；(b)侧视图

(a)中的径向直线表示等潮时线，其上数字表示当地高潮发生的时刻(单位：h)。同心圆表示等潮差线(单位：m)。海盆的中心是驻波节点，潮差为零，海洋学家称之为无潮点。(b)展现了将(a)沿着直径切开后的截面，无潮点的一侧为高潮，另一侧为低潮，高低潮都是相对于长期平均水位(mean water level)而言的。

　　图 10.6 展现了太阴主要半日分潮 M_2 的空间分布。数据来自海洋环流模型 FES2004 的预报[12]。这个海洋模型考虑了复杂的岸线和海底地形。同时，模型还同化了一部分卫星高度计数据和沿岸验潮站的观测数据。数据同化是一种数学算法，它可以使得模型的输出结果尽可能地符合实际观测。图 10.6(b)展示了海洋中大大小小的旋转潮波系统。开阔大洋的旋转潮波系统相比小海湾中的旋转潮波系统大得多。在北半球，潮波绕着其中心无潮点逆时针旋转；在南半球则相反。由于潮波的本质是浅水波，根据式(9.5)，其波速取决于水深。当潮波经过不同水深的海域时，其波速也会受水深调制，进而发生折射，造成等潮时线的弯曲，这一机制和近岸波受地形调制类似(见9.2 节)。

　　图 10.6(b)展示了 M_2 分潮的振幅。其在深海大洋相对较小，在一些近海海域可以很大。海底地形和岸线形状是决定海盆发生共振可能的主要因素。小海盆和海湾中的潮波是由外部开阔大洋传播进来的，因此受外部条件的强迫。海盆的几何形状决定了其固有频率。在一个一端开口的狭长海盆中来回振荡的潮波(seiche)其周期为

$$T_0 = 4L/\sqrt{gH} \tag{10.7}$$

L 和 H 分别是这个狭长海盆的长度和深度。这个公式在大学一年级的物理课中出现过；其形式和笛子中的声波频率表达是一样的。因此，我们可以通过海盆的形状来估算其固有频率。如果这个固有频率和外海某个分潮频率接近，那么这个分潮信号传入该海盆可能会激发共振。共振下的分潮振幅会非常大。

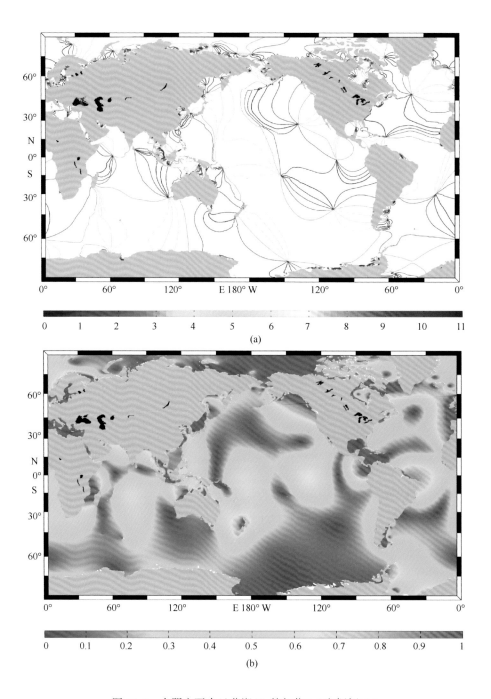

图 10.6　太阴主要半日分潮 M_2 的相位（a）和振幅（b）

（a）中彩色线条表示等潮时线，其颜色表示该地在未来多少小时会发生高潮。数据来自海洋模型
FES2004[12]，其同化了卫星高度计和验潮站数据。横纵坐标分别表示经度和纬度。（b）中背景
颜色为 M_2 分潮振幅，单位：m。

10.4 潮流

当某个位置的水位随着涨潮上升时，水流必须水平地流向该位置来推高潮位。当水位下降时，水则会水平地流走。潮汐引起的水平流动称之为潮流。深海中的潮流相对较弱，每秒只有几厘米，但在近岸却很强。向岸的流动被称为涨潮流(flood currents)，离岸的流动称为退潮流(ebb currents)。潮流运动方程的解表明浅水波对应的最大潮流速度为

$$u = A\sqrt{g/H} \qquad (10.8)$$

式中，A 为浅水潮波的振幅。式(10.8)表明水深越浅潮流越大；同时，根据式(9.15)，潮波振幅也随之增大。虽然式(9.15)是针对海啸而言的，海啸本质上也是一种浅水波。因此，潮流流速和水深的关系可以写成

$$u \propto H^{-\frac{3}{4}} \qquad (10.9)$$

潮流是周期性的，其频率取决于信号中主要分潮的频率。潮流流过粗糙的海底地形时会产生湍流，这一过程消散了潮流的动量，将其转化为热量。另一个有趣的现象是，潮流流经起伏的海底地形时会激发内波，其频率和该潮流的驱动力频率一致。这些潮流激发的内波称为内潮。内潮可以在层化的海洋中沿着水平方向和垂直方向传播。其传播方向相对于垂向的夹角取决于内潮频率和浮力频率(海洋层结强度)。内潮最终会破裂，产生湍流，从而进一步耗散能量。

据估计，海洋动能耗散大约是 3.5 TW(1 TW $= 10^{12}$ W)[13]。潮汐能的耗散具有天文学意义。需要特别指出的是，潮汐的能量来自地月系统的引力势能，潮汐能量的耗散对月球公转轨道和地球自转都会产生影响。系统势能损失后将导致月球在地球引力作用下以 4 cm/a 的速度接近地球。地月系统的角动量必须是守恒的(耗散系统的能量则不守恒)，这就要求月球绕地球公转速度加快，同时地球自转变慢。

示例 16

芬迪湾(Bay of Fundy)位于加拿大东海岸，是一个狭长的浅水海湾，长度为 270 km，水深变化范围为 40~130 m，平均水深为 70 m。芬迪湾的潮位一直保持着世界第一的记录。湾顶(近岸处)的潮位差能达到 15 m，大约是 5 层楼的高度。让我们用式(10.7)计算海湾中振荡波的固有频率。带入 $L = 270$ km 和 $H = 70$ m，我们得到周期 $T_0 \approx 11.5$ h，这和当地的半日分潮周期十分接近，即海湾的固有频率和外部强迫的频率接近。因此，半日分潮传入芬迪湾后发生共振，其振幅在湾内得到增强。芬迪

111

湾产生大潮的另一个原因是其湾顶形状狭长，这有助于能量的聚集，导致振荡的进一步增强。

示例 17

很大一部分潮汐能(约 1/3)用于激发内波，并且最终通过内波破碎被耗散掉。这些内波是潮流与底地形相互作用产生的(第 9.5 节)。图 10.7 显示了太平洋半日分潮 M_2 产生的内部以及表面信号。周期性的潮流在热带太平洋夏威夷海脊和北太平洋阿留申海脊上来回振荡产生了一系列内波。这些内波列从山脊向南和向北传播。虽然它们在海面引起的振幅很小，只有几厘米，但是这种信号可以在长时间序列的卫星测高数据中看到。需要强调的是内波振幅在海洋内部要比海面大得多，约为 10 m。

让我们用 9.5 节中的理论来估计内波的波长，并将其与观察结果进行比较。M_2 分潮的周期为 $T = 12.42$ h(表 10.1)，其产生的内波必定与其具有相同的周期。那么，内波频率就是 $\omega = 2\pi/T = 0.5$ rad/s。太平洋是具有密度分层的，垂直平均的浮力频率为 1 cycle/h = 6.28 rad/h。而且浮力频率随深度变化，从深海处的低值(约 0.2 cycle/h)到上层海洋的高值(约 5 cycle/h)。这里为了方便，我们可以采用垂直平均的浮力频率(常数)。将其代入式(9.28)，得到内波传播方向相对于垂向的夹角为

$$\theta = \arccos\ (\omega/N)\ \approx 85° \tag{10.10}$$

这个角度非常接近 90°，这意味着内波中流体微团的振动方向几乎是水平的。内波从海底 $H = 4$ km 向上传到海面，期间经过了相当长的一段水平距离(见图 10.7 中插图)，其波长是这个距离的 2 倍，可以估算为

$$\lambda = 2H\tan\theta \approx 100\ \text{km} \tag{10.11}$$

这个简单的估算值和观测到的内波波长十分接近。潮汐产生的内波(内潮)波长一般是 50~150 km，是比较长的。但是比表面潮波数千千米的波长仍然要短很多。这一尺度差异使我们可以很容易地将其从表面潮波信号中区分出来。需要注意的是，波长较大的内潮是比较慢的，慢到可以感受到地球自转，受科氏力的偏转作用。显然，内波的频散关系是含有科氏参数的。

但是，使用卫星高度计测绘内潮并不容易，需要进行很长的观测。确实，诸如 Topex/Poseidon 和 Jason 之类的卫星高度计以大约 10 d 为轨道重复周期。每 20 个周期才能对一个半日潮波采样一次。大约每 62 d，才能观察到潮波的同一相位[14]。为了积累必要的数据用以刻画几厘米振幅的内潮，必须进行数百次测量，这需要为期数年的长期观测。

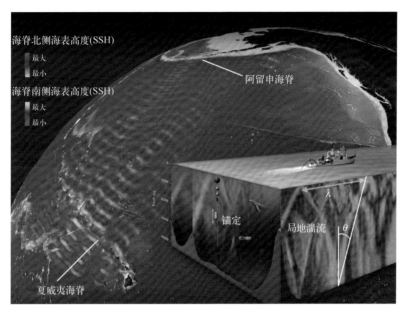

图 10.7　太平洋半日潮激发的内潮

从夏威夷海脊(Hawaiian ridge)和阿留申海脊(Aleutian ridge)反射到海面后产生的信号可以通过卫星高度计看到。图中展示了内潮观测的多种设备，由 Mathew H. Alford 提供[14]。

附录 A 一些有用的常数

地球半径：$R_E = 6\ 370$ km $= 6.37×10^6$ m

地球自转角速度：$\Omega = 2\pi$ rad/d $= 7.29×10^{-5}$ rad/s

纬度：$\varphi = 45°$N

科氏参数：$f = 2\Omega\sin\varphi = 10^{-4}$ rad/s

Beta 参数：$\beta = 2\Omega/(R_E\cos\varphi) = 10^{-11}$ m/s，$\varphi = 45°$N

一个纬度的球面距离：111 km

一个经度的球面距离：$110\cos\varphi$ km

压力单位：1 bar $= 10^5$ N/m^2 $= 10^5$ Pa ≈ 10 m 水柱的压力

全球海洋面积（来自 ETOPO1 模型）：361 900 000 km^2

平均海洋深度：3 688 m

地球质量：$m_E = 5.973\ 6×10^{24}$ kg

月球质量：$m_M = 7.342×10^{22}$ kg

太阳质量：$m_S = 1.989×10^{30}$ kg

地心到月球的距离：$d = 3.844×10^5$ km

地心到太阳的距离：$d_s = 1.496×10^8$ km

重力常数：$G = 6.674×10^{-11}$ m^3/(kg·s^2)

附录 B 地球流体动力学实验中的高度计观测

在本书中，我们使用实验室高度计观测旋转水缸中的流动。这一系统既可以用于课堂演示，也可以用于科学研究。在这里，我们对其进行简要介绍，Afanasyev 等[15]对该系统进行了详细的描述。实验室高度计采用一种光学方法，该方法基于水面反射原理。图 B.1 示意性地展示了系统的设置。照相机(2)用于捕获从光源(3)发出经水面反射后的光线。光源具有一个光罩，其类似一张色卡。整个装置安装在一个旋转的工作台上，并与工作台一起旋转。

在旋转作用下，水缸中的水面形成一个抛物面，其表面曲率和系统转速 Ω 有关[见式(7.24)]，这个曲面就像牛顿望远镜的镜面一样。历史上，曾经也有人想用旋转的水银形成反光的抛物面，用于天文观测。如果把照相机和光源放置在距离水面一定的高度上：

$$H = \frac{1}{2}\Omega_{\text{lab}}^2 g \qquad (B.1)$$

照相机捕获的水面反光将全部来自光源(色卡)的中心。这时水面呈现出同一个颜色，即色卡中心点的颜色。为了在实验中达到这样的效果，我们可以调整系统的转速或者相机和光源的高度。

现在，我们在旋转的水缸里驱动一个流动。这个流动使得原本光滑的抛物面发生了扰动。扰动造成的水面起伏（相对于没有扰动时光滑的抛物面而言）由 η 表示。扰动改变了水面的法向方向，导致相机捕获的光线不再来自色卡的中心，扰动的水面也因此呈现出丰富多彩的颜色。图 8.14 给出了类似的一个扰动水面。由于我们事先知道色卡上每个颜色的空间位置，因此，可以根据扰动后水面颜色变化，由光路几何关系计算出水面各点的起伏 η 的坡度。最终，实验室高度计观测的是这个坡度在 x 方向和 y 方向上的分量：$\partial\eta/\partial x$ 和 $\partial\eta/\partial y$。流速场可以通过地转平衡式(7.27)得到，就像我们用卫星高度计反演海面地转流那样。实验室高度计观测的流场具有很高的时空分辨率。当照相机照片上相邻像素点在真实空间对应的距离 Δx 很小时，且两张照片的拍摄间隔 Δt 很短时，我们可以精确地算出 η 的时间导数和空间导数。这使得我们可以在地转平衡的基础上更进一步，用地转流近似方程里的时间导数项和非线性项。最终，水面流速可以写成水面坡度的函数，形式如下：

$$V = \frac{g}{f_0}(n \times \nabla\eta) - \frac{g}{f_0^2}\frac{\partial}{\partial t}\nabla\eta - \frac{g^2}{f_0^3}J(\eta,\ \nabla\eta) \qquad (B.2)$$

式中，$f_0 = 2\ \Omega_{\text{lab}}$ 是实验里的科氏参数；n 代表垂直方向的单位矢量；$J(A,\ B) = A_xB_y - A_yB_x$ 是雅可比算子（Jacobian operator）。右侧第一项是矢量形式的地转流。式（B.2）称为准地转近似（quasi-geostrophic approximation）。如果卫星高度计遥感的时空分辨率提高，也可以使用准地转近似。这将在下一代高度计的流速反演中得到广泛应用。

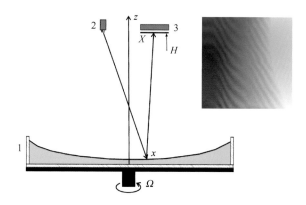

图 B1　实验室高度计示意图

1—圆柱形水缸；2—照相机；3—光源色卡（插图）

参考文献

［1］ PAWLOWICZ R，MCDOUGALL T，FEISTEL R，et al. Preface：An historical perspective on the development of the thermodynamic equation of seawater 2010. Ocean Science，2012，8：161-174.

［2］ LETRAON P Y，NADAL F，DUCET N. An improved mapping method of multisatellite altimeter data. Journal of Atmospheric and Oceanic Technology，1998，15(2)：522-534.

［3］ SPRATT R M，LISIECKI L E. A late pleistocene sea level stack. Climate of the Past，2016，12：1079-1092.

［4］ KENNEDY J J，RAYNER N A，SMITH R O，et al. Reassessing biases and other uncertainties in sea-surface temperature observations measured in situ since 1850 part 2：biases and homogenisation. Journal of Geophysical Research，2011：116.

［5］ KEELING R F，PIPER S C，BOLLENBACHER A F，et al. Walker. Atmospheric CO_2 records from sites in the sio air sampling network. in trends：A compendium of data on global change. Technical report，Carbon Dioxide Information Analysis Center，Oak Ridge National Laboratory，U. S. Department of Energy，Oak Ridge，Tenn.，USA，2009.

［6］ IPCC. Climate Change 2013：The Physical Science Basis. Contribution of Working Group I to the Fifth Assessment Report of the Intergovernmental Panel on Climate Change. Cambridge University Press，Cambridge，United Kingdom and New York，NY，USA，2013.

［7］ SRENSEN L S，FORSBERG R. Greenland Ice Sheet Mass Loss from GRACE Monthly Models. Springer，2010.

［8］ DURRAN D R，DOMONKOS S K. An apparatus for demonstrating the inertial oscillation. Bulletin of American Meteorology Society，1996，77：557-559.

［9］ U. S. Army Corps of Engineers. Shore Protection Manual. Coastal Engineering Research Center，1977.

［10］ FINE I V，RABINOVICH A B，BORNHOLD B D，et al. The grand banks landslide-generated tsunami of November 18，1929：preliminary analysis and numerical modeling. Marine Geology，2005，215：45-57.

［11］ SUTHERLAND B R. Internal Gravity Waves. Cambridge University Press，2010.

［12］ LYARD F，LEFVRE F，LETELLIER T，et al. Modelling the global ocean tides：a modern insight from fes 2004. Ocean Dynamics，2006，56：394-415.

［13］MUNK W. Once again：Once again-tidal friction. Progress in Oceanography，1997，40（1-4）：7-35.

［14］ZHAO Z, ALFORD M H, GIRTON J B. Mapping low-mode internal tides from multisatellite altimetry. Oceanography，2012，25：42-51.

［15］AFANASYEV Y D, RHINES P B, LINDAHL E G. Velocity and potential vorticity fields measured by altimetric imaging velocimetry in the rotating fluid. Experiments in Fluids，2009，47：913-926.